RESTAURATION, AMÉNAGEMENT

ET MISE EN VALEUR

DES PÂTURAGES DE MONTAGNES

RÉPUBLIQUE FRANÇAISE

MINISTÈRE DE L'AGRICULTURE

ADMINISTRATION DES EAUX ET FORÊTS

EXPOSITION UNIVERSELLE INTERNATIONALE DE 1900
À PARIS

RESTAURATION, AMÉNAGEMENT

ET MISE EN VALEUR

DES PÂTURAGES DE MONTAGNES

PAR M. E. CARDOT

INSPECTEUR DES EAUX ET FORÊTS

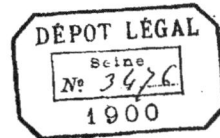

PARIS

IMPRIMERIE NATIONALE

M DCCCC

RESTAURATION, AMÉNAGEMENT

ET MISE EN VALEUR

DES PÂTURAGES DE MONTAGNES.

INTRODUCTION.

Les améliorations dont sont susceptibles les pâturages, et notamment les pâturages exploités collectivement, ont été fort négligées jusqu'ici. On considère volontiers *que l'herbe est un produit spontané du sol se reproduisant sans le secours de l'homme; que l'art pastoral est le plus élémentaire de tous, car c'est un travail de simple récolte; que n'ayant guère varié dans ses procédés, depuis l'époque des patriarches de la Bible, il n'est pas susceptible de varier beaucoup dans l'avenir* [1].

Je voudrais, par la publication de cette notice, contribuer à faire disparaître cette conception ou plutôt cette *négation de l'art pastoral.*

Il est bien vrai que, dans le passé, le pasteur n'a jamais eu d'autre souci que de promener son troupeau partout où la végétation spontanée du sol avait produit des herbages, de détruire, par le fer ou le feu, les bois et broussailles qui semblaient nuire au développement de l'herbe, entraver le passage des bestiaux, nuire même parfois à leur sécurité. Il est vrai aussi que cette exploitation s'exerce encore, comme dans les temps primitifs, sur plus des 9/10 de la superficie du globe terrestre.

---

[1] M. Edmond Demolins (Voir F. Berthault, *Les pâturages, feuillards et ramilles.* Introduction).

EAUX ET FORÊTS. — M. E. CARDOT.

Mais on peut faire facilement, tout autour de soi, bien des observations sur l'état actuel des pâturages ainsi abandonnés à la garde de Dieu et au bon plaisir des pâtres, sur leur production, les bénéfices qu'ils procurent, les transformations qu'ils subissent, enfin sur l'avenir qui, d'après l'analyse de ces observations, leur est réservé.

Les données scientifiques recueillies par les géographes, les descriptions et récits que nous ont laissés les voyageurs, explorateurs, dans leurs courses à travers le monde, peuvent nous éclairer, d'autre part, sur les résultats de cette exploitation traditionnellement poursuivie dans la suite des siècles par les générations humaines qui nous ont précédés.

A l'aurore de ce xxᵉ siècle que l'on voudrait voir se colorer de toutes les lueurs éclatantes, dont le siècle précédent, si grand par ses études et ses découvertes dans la science du globe, a préparé le rayonnement, on peut vraiment nourrir l'espérance qu'une conception moins primitive de l'art pastoral prévaudra, et se développant dans le monde, y répandra, à son tour, les bienfaits que déjà l'agriculture et l'art sylvicole ont su nous prodiguer.

Plan de l'ouvrage. — Cette notice comprend trois parties :

Dans la première, j'étudie la situation pastorale de nos différentes régions montagneuses de la France, faisant connaître l'état de leurs pâturages, leur mode d'exploitation, leur rendement, étudiant aussi leur industrie laitière qui devrait assurer une fructueuse utilisation de leurs produits; mais qui, dans la plupart des régions, est bien peu développée encore.

Dans la deuxième partie, je passe en revue les différentes améliorations pastorales, dont la situation présente révèle la nécessité. J'insiste surtout sur l'application aux pâturages des idées d'aménagement et d'épargne qui sont à la base de toute exploitation soucieuse de conserver et d'accroître ses revenus.

Enfin, quelques vues alpestres, dues à la collaboration de M. Perroy, inspecteur des eaux et forêts à Embrun, composent une troisième partie annexe, et font ressortir l'étroite solidarité qui, dans les régions montagneuses, unit les gazons et les bois.

PREMIÈRE PARTIE.

LA SITUATION PASTORALE EN FRANCE.

CHAPITRE PREMIER.

RÉGION CENTRALE DES ALPES FRANÇAISES (HAUTES-ALPES, BASSES-ALPES, DRÔME).

Description générale. — Le présent n'est pas beau dans la
région centrale de nos Alpes françaises. Quand on remonte l'une
de ces grandes vallées qui pénètrent dans leur massif : la vallée de
la Durance, du Verdon, de l'Ubaye, du Drac, de la Drôme, que
l'on voit la dénudation, les ravinements, les larges déchirures des
versants; quand on voit, d'autre part, les cônes de déjection étaler
au débouché de chaque ravin leurs amoncellements de pierres;
quand on observe enfin les immenses délaissés de cailloux et graviers qui forment le lit des rivières et s'étendent à presque toute
la largeur des thalwegs, on a comme la pénible sensation d'un
monde qui s'écroule, et va entraîner dans sa ruine ces petits
groupes d'habitations humaines, ici suspendues sur des pentes
chancelantes, là blotties au pied des versants, et s'abritant
avec leurs prairies et leurs vergers derrière de fragiles endigue-
ments.

Cette impression est bien celle qu'ont éprouvée tous ceux qui
ont visité, parcouru, étudié nos trois départements des Hautes-
Alpes, Basses-Alpes et de la Drôme : administrateurs, savants, économistes, et ils l'ont traduite souvent en termes beaucoup plus
expressifs dans une foule de publications et rapports. L'un d'eux,

préfet des Basses-Alpes, est allé jusqu'à dire dans un rapport adressé au gouvernement en 1853 :

« Si des mesures promptes, énergiques, ne sont pas prises, il est permis de préciser le moment où les Alpes françaises ne seront plus qu'un désert... Chaque année aggravera le mal et, *dans un demi-siècle, la France comptera des ruines de plus et un département de moins* [1]. »

Les trois faits caractéristiques de la région. — Le tableau était un peu poussé au noir. M. le conseiller d'État Chassaigne-Goyon, chargé, à la suite de l'enquête agricole de 1866, de l'étude de la région du sud-est de la France, a défini plus exactement la situation en s'exprimant ainsi dans son rapport dressé en 1868 :

« *Chaque année, la couche de terre végétale qui recouvre les hauteurs se déchire et s'amoindrit de plus en plus; chaque année, le lit de gravier du torrent s'élargit et s'élève peu à peu en empiétant sur les terrains fertiles des vallées riveraines; chaque année, quelque pauvre famille voit se restreindre son modeste patrimoine, et l'on ne doit pas s'étonner que, sans cesse menacée dans ses moyens d'existence, la population se décourage et qu'elle émigre pour aller chercher ailleurs un bien-être plus facile et un travail plus rémunérateur.* »

Ces quelques lignes résument et expriment de la façon la plus vraie, la plus juste, les trois faits principaux qui caractérisent la situation de nos Alpes françaises : *Destruction du sol végétal; aggravation du régime torrentiel des rivières; dépopulation.*

[1] M. E. Guinier, dans son article sur « la question des montagnes » (*Annuaire de la Société des touristes du Dauphiné*, 1899, Grenoble), cite une prédiction analogue, faite en 1843, par l'économiste Blanqui, dans un « rapport sur la situation économique des départements de la frontière des Alpes » dont il avait été chargé par l'Académie des sciences : « Quiconque, dit-il, a visité la vallée de Barcelonnette, celles d'Embrun, du Verdon, et cette Arabie Pétrée des Hautes-Alpes qu'on appelle le Dévoluy, sait qu'il n'y a pas de temps à perdre, ou bien, dans cinquante ans d'ici, la France sera séparée du Piémont, comme l'Égypte de la Syrie, par un désert. »

Destruction du sol végétal. — Ses causes essentielles.
— Comme ces citations l'indiquent déjà, on a souvent et éloquemment plaidé devant nos gouvernements ou devant le public la cause de nos Alpes. Pour peindre les ravages des torrents, analyser les causes de leur formation, enseigner les moyens de les corriger, on a vu se créer en France toute une littérature et une science nouvelles déjà célèbres à l'étranger. Or, tous les auteurs qui ont approfondi, étudié la question alpestre, sont unanimement d'accord sur les causes essentielles, primordiales, d'où dérivent les trois ordres de faits que je viens d'indiquer. Ces causes sont : *les défrichements, les déboisements, les abus de pâturages.*

Relation entre les défrichements, les déboisements et les abus de pâturage. — Les défrichements sont nés de la nécessité, pour une population qui jusque vers le milieu de ce siècle suivait un mouvement d'accroissement continu, de développer ses moyens d'existence. Les terres des vallées, des plateaux, ne pouvant plus suffire à produire le grain indispensable à des familles de plus en plus nombreuses, on défricha les pentes où l'existence prolongée d'une couverture forestière avait le plus souvent formé une épaisse couche d'humus. Par la même raison, et aussi comme conséquence de ces cultures nouvelles qui incessamment lixiviées par le ruissellement des eaux exigeaient beaucoup d'engrais, le nombre de bestiaux s'accrût dans les pâturages et dans les forêts. Celles-ci, déjà grandement réduites ou épuisées sur les versants inférieurs, à proximité des villages et hameaux, par les coupes de bois destinées au chauffage des habitants, à la construction ou à la réparation des maisons, subirent encore les dévastations pastorales et partout reculèrent leurs limites.

Mesures réglementaires prises avant la Révolution. — Arrêtés des parlements. — On ne tarda pas à constater les inconvénients et les dangers qui résultaient d'une jouissance exercée, sans aucune limitation, par les habitants sur ces biens naturels : bois et pâturages. Les ravages causés par des ruisseaux qui devenaient torrents, qui, sur les pentes défrichées, déboisées, dénudées, creusaient le sol, entraînaient les terres, recouvraient de graviers les cultures inférieures; les désastres occasionnés par le débordement des rivières justifiaient grandement ces inquiétudes. A la suite des plaintes qui se produisirent, des arrêtés sévères furent pris par les parlements d'Aix et de Grenoble pour limiter, voire même interdire complètement les défrichements et les déboisements sur les pentes, et réprimer les abus du pâturage [1].

Administration et réglementation des pâturages et des bois sous le régime des mandements. — D'autre part, les réglementations locales s'inspirèrent des mêmes préoccupations; et, en raison de l'organisation administrative qui existait avant la Révolution, elles durent avoir une certaine efficacité. Les terres communes appartenaient alors aux *mandements*, qui comprenaient plusieurs communautés (hameaux ou communes d'aujourd'hui), et qui étaient administrés par des syndics élus ou désignés par les communautés. Ces syndics publiaient chaque année des proclamations ou ordonnances ayant principalement pour objet de réglementer la jouissance des bois et pâturages. Ces règlements renfermaient souvent d'excellentes prescriptions, entre autres celle-ci : « *Que seuls les bestiaux hyvernés dans les communautés étaient admis au pâturage.* » Ils fixaient les périodes de parcours, mettaient en défens certaines parcelles, etc. En ce qui concerne les bois, la coupe du bois de chauffage était strictement limitée aux besoins des ha-

[1] Demontzey, *Traité pratique du reboisement et du gazonnement des montagnes*, note G, Paris, 1882. Voir également les vœux présentés par les états du Comtat, de 1549 à 1780, motivés « par le grandissime dégât que le dépeuplement et l'essart des montagnes apporte au plat pays », et les rescrits du vice-légat qui malheureusement restèrent à peu près sans effet. (*Le versant méridional du Ventoux*, par F. Tessier, dans la *Revue des eaux et forêts*, 1900, n° 3.)

bitants. Il leur était défendu d'en vendre aux étrangers, hormis parfois une quantité déterminée pour chaque maison en vue d'approvisionner le marché de la ville voisine. La coupe des bois de construction était interdite, sauf licence des syndics. Toute exploitation était prohibée dans certains cantons. Le pâturage était généralement permis dans la forêt, mais il était limité à certaines périodes de l'année et interdit dans certains cantons au *menu bétail*. D'autres cantons étaient complètement mis en défens.

Chaque clause de ces règlements avait sa sanction sous la triple forme du *ban* ou *bain*, de l'*esmende* et de la *confiscation*. Le ban (ce que nous appelons aujourd'hui l'*amende*) était payé au seigneur; l'esmende (en bas latin *emenda, esmenda*) représentait les *dommages-intérêts* et revenait aux syndics du mandement. Comme dans notre Code forestier, le ban et l'amende étaient constamment de valeur égale. Ils variaient entre 1 livre et 30 livres chacun. Ces réparations pécuniaires étaient certainement élevées, surtout si l'on veut bien tenir compte du pouvoir de l'argent à cette époque, qui était triple, sinon quadruple, de celui d'aujourd'hui. Ainsi un ban de 12 livres et esmende égale représenteraient actuellement une valeur de près de 100 francs. Enfin la confiscation était souvent prévue par les règlements pour les animaux trouvés en fraude, le bois coupé en délit, etc. Il semble que ces confiscations étaient faites au profit des *jurats* ou *banniers* nommés par les syndics, au nombre de plusieurs dans chaque communauté pour surveiller l'application du règlement. Ces gardes devaient « *rellacter les faillans* » aux syndics du mandement dans un délai de trois jours, et étaient dans certains cas rendus responsables des délits commis et non constatés. Les notaires du mandement avaient charge d'enregistrer les proclamations réglementaires et de rédiger les procès-verbaux de délits qui étaient poursuivis devant le *bailli*.

La rédaction première de ces règlements locaux doit dater, en général, d'une époque assez reculée, du xve siècle peut-être, sinon plus tôt. Les statuts dont je viens de relater les dispositions essentielles appartiennent à une proclamation faite, en 1621, dans le mandement de Savines (arrondissement d'Embrun).

« C'est à eux, en grande partie du moins, que le mandement de Savines doit de posséder aujourd'hui les belles forêts de Morgon et autres, dont il est fier, forêts qui sont les plus belles de l'Embrunais et même de tout le département des Hautes-Alpes, à l'exception des forêts de Boscodon et de Durbon, qui appartiennent à l'État [1]. »

Déchéance de ces réglementations locales. — *Ses consé-quences.* — Ces règlements disparurent sous la Révolution en même temps que l'organisation mandementale. Les terres com-munes appartenant aux mandements devinrent propriété indivise entre les nouvelles communes qui furent constituées sur leur ter-ritoire. Mais il n'y avait plus de lien légal entre ces communes, plus d'organisation administrative pour la régie collective de ces biens; sans doute, les anciens règlements, par la force de la tradi-tion, durent persister quelque temps; mais peu à peu, chaque commune chercha à faire prévaloir ses intérêts particuliers aux dépens de ceux des autres communes; des empiètements, des abus furent commis de part et d'autre, à la faveur de cette liberté de gestion et d'administration que la loi avait donnée à chaque groupe communal. Ils eurent pour résultats des discussions très vives entre les communes, puis de très longs et très onéreux procès, engagés en vue de faire cesser l'indivision qui les provoquait. Forêts et pâturages souffrirent cruellement au cours de ces luttes ardentes. Les cantons contestés surtout étaient pillés à qui mieux mieux par les communes rivales.

Et cet état de désordre et d'anarchie eut vraiment une durée bien longue : on pourrait citer certains procès qui tinrent le rôle des diverses juridictions pendant un demi-siècle, renaissant sans

[1] Société d'études des Hautes-Alpes, bulletin 1889. — Paul Guillaume, archi-viste.

cesse sous une forme nouvelle, et coûtant aux communes des sommes bien supérieures à la valeur des montagnes. Aujourd'hui, plus d'un siècle après la Révolution, quelques biens mandementaux sont encore en litige [1].

La liberté complète laissée aux communes pour l'administration de leurs biens n'a pas été d'ailleurs favorable à ceux-ci.

Le préfet Ladoucette, qui a administré le département des Hautes-Alpes, de 1801 à 1808, avec une intelligence et un zèle incomparables, déplorait amèrement « *le déboisement de la partie basse des montagnes et le dégazonnement de la partie haute, double cause des désastres causés annuellement dans certaines communes par les torrents* », et il ajoutait : « *il est impossible d'obtenir des conseils municipaux des règlements sages. Il faut que l'ordre vienne de plus haut* [2] ». Cet ordre d'en haut est venu pour les Forêts en 1827, par la promulgation du Code forestier; mais en ce qui concerne les pâturages, la lacune administrative laissée par la désorganisation des pouvoirs provinciaux et mandementaux n'a pas été comblée.

Circonstances économiques nouvelles qui favorisèrent la multiplication des troupeaux et la dégradation des pâturages. — D'autres circonstances, en aggravant la situation économique de la région alpestre, favorisèrent la multiplication des troupeaux et développèrent les abus d'un pacage privé désormais de toute réglementation. Le montagnard d'autrefois, perdu dans ses vallées reculées, n'avait que peu de relations avec le dehors; il vivait sur sa terre en quelque sorte. Ses pauvres cultures, peu productives en raison du climat et des difficultés d'exploitation, suffisaient pourtant à lui donner le grain nécessaire à l'alimentation de sa famille. La forêt commune lui procurait du bois pour l'entretien de son foyer et les réparations de sa demeure.

---

[1] Ceux de Savines, de Saint-Bonnet (Hautes-Alpes), par exemple.
[2] De Ladoucette, *Histoire topographique des hautes Alpes*, 1848.

. Le petit troupeau qu'il pouvait hiverner dans son étable et qui s'alimentait grassement dans la montagne pendant la belle saison, lui fournissait du laitage et de la laine. La laine et les plantes textiles, chanvre ou lin, qu'il cultivait dans un petit coin de son domaine, étaient filées dans la maison pendant les longues soirées de l'hiver, puis transformées en drap et en toile sur de petits métiers locaux pour lesquels on utilisait parfois la force des cours d'eau. Enfin la vente, sur les marchés du bourg ou de la ville voisine, de l'excédent de ces produits sur les besoins familiaux, produisait le pécule nécessaire au payement de l'impôt, parfois de la rente du sol, etc.

La multiplication des familles, le morcellement des héritages dû au nouveau régime successoral, et plus encore peut-être la création des voies de communication et le développement des échanges sont venus peu à peu transformer ce régime économique qui faisait vivre dans une aisance relative les petites agglomérations rurales.

Et à mesure que les besoins se développaient par la multiplication des habitants et des familles et par la pénétration d'une civilisation apportant le désir du bien-être, apportant aussi une surcharge d'impôts, le pays devenait de plus en plus impuissant à se suffire à lui-même. La concurrence des pays de plaine où la culture peut se faire à de bien moindres frais, puis celle des pays étrangers, venaient jusque sur les marchés locaux abaisser le prix des laines et autres produits agricoles, en même temps que le développement de la grande industrie portait un coup mortel aux petites industries locales qui, d'une façon toute primitive, les transformait.

Développement de la grande transhumance. — Comment dès lors faire face à ces nécessités et à ces conditions nouvelles? Déjà on avait étendu progressivement les cultures bien au delà de leurs limites naturelles. Déjà les fumiers faisaient défaut pour les entretenir convenablement. Quelques hommes d'initiative développèrent, par des canaux d'irrigation dérivés des cours d'eau, la production fourragère. Cela permit d'accroître un peu les troupeaux, mais cela ne pouvait suffire encore. Alors on demanda à la montagne communale le complément de ressources nécessaires. On abandonna les prescriptions salutaires consacrées par les anciens règlements qui interdisaient l'introduction dans les montagnes communes des bestiaux étrangers. Ainsi naquit la *transhumance*. C'était une transformation profonde, une aggravation singulière des droits d'usage possédés par les habitants et basés soit sur les concessions seigneuriales, soit sur des coutumes traditionnellement suivies et respectées depuis un temps immémorial.

Le pâturage commun ne devait plus servir seulement à l'entretien des bestiaux hivernés dans la commune; il était livré en outre à toutes les spéculations destinées à accroître les ressources des caisses communales ou les profits des trafiquants de bestiaux. L'harmonie naturelle et nécessaire qui s'était établie entre la productivité du sol des montagnes et la population qui les exploitait était définitivement rompue.

Ses résultats. — Cette pratique détestable de la transhumance a été et est encore l'une des principales causes de la ruine des Alpes . . . . . et de bien d'autres montagnes! Et cependant elle a été vue tout d'abord avec une extrême bienveillance par les agronomes les économistes, encouragée même par le Gouvernement. On a poétisé et célébré de toute façon ces migrations de troupeaux quittant au printemps les plaines et coteaux desséchés du midi, pour s'en aller brouter pendant la belle saison les herbages frais et fleuris de la montagne. On vantait, d'autre part, ces échanges de la plaine à la montagne profitables à toutes deux, économisant à l'une comme à l'autre des frais de stabulation prolongée. Mais la montagne a cruellement souffert de cette surcharge de bestiaux dévorant ses gazons, dénudant, ravinant ses pelouses, et la plaine à son tour déplore maintenant l'affaiblissement de ses cours d'eau pendant la saison sèche et l'aggravation de leurs ravages au moment des crues.

C'est donc bien à tort que M. Demontzey [1] et après lui M. Briot [2], frappés surtout des ravages exercés sur les pâturages de printemps par les moutons du pays, ont contesté l'influence désastreuse exercée par la transhumance. Je pourrais citer nombre de vallées alpestres qui ont été dégradées et partiellement ruinées par les troupeaux de Provence : la plupart des vallées secondaires du bassin supérieur du Drac : Orcières, Champoléon, Molines, dont le village chef-lieu fut à demi détruit par le torrent de Peyron-Roux en 1856 et 1860; le val Gaudemard, où l'Administration achète en ce moment les montagnes les plus dégradées; l'Oisans, où à différentes reprises le conseil général de l'Isère a demandé lui-même que l'État intervienne pour assurer la suppression de la transhumance; enfin, et surtout, la vallée si tristement célèbre du Dévoluy, où, au dire de M. de Ladoucette, on comptait — de son temps — 45,000 à 50,000 moutons d'Arles [3].

M. Briot déclare lui-même que, d'après une statistique du temps, le nombre des bestiaux transhumants s'est élevé dans le seul département des Hautes-Alpes à 200,000.

Or, d'après la statistique du bétail existant au 30 novembre 1892 dans ce département, l'espèce ovine ne serait représentée aujourd'hui que par environ 212,664 animaux (Statistique agricole de la France en 1892, publiée par le Ministère de l'Agriculture); on est donc en droit de dire, par la comparaison de ces chiffres, qu'il fut un temps où le nombre des moutons transhumants égalait et probablement dépassait très sensiblement celui des moutons de pays. Cette conclusion est confirmée par un passage du livre de M. de Ladoucette où il est dit que les bestiaux possédés et

[1] P. Demontzey, *Traité pratique de reboisement*, Paris, 1882.
[2] F. Briot, *Études sur l'économie alpestre*, Paris, 1896.
[3] De Ladoucette, *ouvrage déjà cité*.

hivernés par les habitants étaient peu nombreux et que l'introduction des moutons étrangers fut tout d'abord pour eux d'un grand profit.

Son importance actuelle. — La transhumance s'exerce encore dans les Alpes, sous deux formes différentes :

Des locations de montagnes sont consenties par les communes à des propriétaires de troupeaux de Provence moyennant payement au profit de la Caisse communale d'une taxe qui ne dépasse pas actuellement o fr. 60 à o fr. 80 par tête de mouton. La possibilité de ces montagnes étant fixée, en fait, au chiffre de 1 à 3 moutons par hectare, et cette possibilité étant pour la plupart notoirement exagérée, puisque ces montagnes continuent à se dégrader, on voit quel pauvre profit les communes en obtiennent. Il est vrai qu'elles réservent parfois pour les habitants le droit d'aller recueillir le fumier du troupeau dans les parcs fixes où il se rassemble la nuit. Dans certaines montagnes, le Dévoluy, par exemple, le pâtre est tenu de faire parquer son troupeau successivement dans les terres cultivées qui bordent la montagne. C'est encore une cause d'appauvrissement pour celle-ci et le plus souvent un mince profit pour l'ensemble de la population, surtout si on le met en regard des dégradations causées aux cultures par les eaux qui découlent de la montagne dégazonnée et ravinée.

Ce mode de transhumance tend, il est vrai, à disparaître : 1° parce que nombre de montagnes presque complètement dégazonnées, et même devenues par leurs ravinements dangereuses pour les animaux, ne trouvent plus preneurs; 2° parce que l'établissement des périmètres de reboisement a sensiblement restreint l'étendue des parcours laissés à l'usage des habitants, et que ces parcours se sont eux-mêmes très appauvris aussi. — Aujourd'hui, d'après M. Briot, le nombre des transhumants dans les quatre départements qui en reçoivent, des Basses-Alpes à la Savoie, ne s'élèverait pas à plus de 200,000; — d'après mes propres renseignements, on en compterait à peine 5o,ooo dans le département des Hautes-Alpes.

La petite transhumance. — *Inégalités dans la jouissance des pâturages.*

— Mais il est une autre forme de transhumance dont il a été plus rarement fait mention et qui n'est pas moins dangereuse.

Les habitants achètent individuellement aux foires du printemps un certain nombre de moutons qu'ils entretiennent pendant l'été dans la montagne commune et qu'ils revendent à l'automne. Le mal ne serait pas grand s'il ne s'agissait que du renouvellement partiel du troupeau que l'on a hiverné; mais cette limitation de la jouissance à un nombre de têtes de bétail déterminé par un dénombrement fait en hiver dans les étables n'étant plus imposée dans beaucoup de communes, il en résulte que les propriétaires les plus aisés, ou les spéculateurs les plus ardents, introduisent dans le pâturage commun un nombre de bestiaux très supérieur à celui de leurs co-usagers. — Il n'est pas rare de voir certains chefs de famille tenir 100 à 15o têtes de bétail dans la montagne communale, alors que la plupart des autres usagers n'en tiennent que 15 à 4o [1].

Direction fâcheuse donnée à l'oviculture.

— Une certaine modération dans l'usage des pâturages communs peut résulter du mode d'exploitation adopté et de la destination donnée aux bestiaux qui utilisent les herbages. Si on élève le bétail en vue de l'engraissement ou en vue de la production du lait, on est tenu de lui donner une alimentation suffisante et par suite de limiter l'importance du troupeau admis dans le pâturage.

Si on veut borner son exploitation à l'*élevage* proprement dit, à l'entretien pur et simple du bétail et à la production de la laine, il

---

[1] Donnée fournie par les rôles de pâturages que j'ai relevés pour un certain nombre de communes.

est moins nécessaire que les herbages soient très abondants et on
a tendance à les surcharger [1]. Or, pour différentes raisons, entre
autres la difficulté des communications, l'éloignement des grands
centres de consommation, il est arrivé dans nos Alpes provençales
que l'oviculture s'est presque exclusivement dirigée du côté de la
production de la laine et de l'élevage. Ce n'est qu'exceptionnellement que les pâturages de montagnes sont exploités en vue de
l'engraissement des animaux.

L'industrie laitière. — D'autre part, l'industrie laitière est
restée longtemps à l'état tout à fait rudimentaire. On se bornait
dans chaque maison, après prélèvement de la consommation familiale, à utiliser le lait des vaches, brebis, chèvres, à la fabrication
d'un peu de beurre ou de fromages, de qualité souvent médiocre, qui étaient vendus sur les marchés locaux. Dans la vallée
du Queyras, cependant, de petites fruitières s'étaient installées vers
le milieu du siècle, groupant le lait d'un certain nombre de maisons
et en exportant leurs fromages, façon Gex, à Marseille. A partir de
1877, sous l'inspiration de cette idée juste et féconde, préconisée
par MM. Marchand, Calvet et Briot, que le développement de l'industrie laitière dans les Pyrénées et les Alpes amènerait peu à peu
la substitution de l'espèce bovine à l'espèce ovine dans l'exploitation des pâturages et par là même favoriserait la restauration de
ceux-ci, l'Administration forestière créa ou subventionna un certain
nombre de fruitières.

Sa situation actuelle. — Dans le département des Hautes-Alpes,
on compte actuellement 8 établissements subventionnés, savoir :
Laiterie de Monetier-les-Bains, Ristolas, Ristolas-la-Monta,
Molines-Fontgillarde, Chabottes-la-Plaine, Saint-Laurent, La
Chapelle en Valgaudemard, Orcières-les-Tourrengs. 3 de ces

[1] E. Briot, *ouvrage cité.*

fruitières fonctionnent encore sous la forme coopérative qui avait été adoptée au début, d'après l'exemple des fruitières de la Franche-Comté. Dans les autres établissements, ce mode d'exploitation n'a pu se maintenir. Les fruitières ont été remises entre les mains d'un exploitant qui achète le lait des associés ou des habitants à un prix moyen de o fr. 1 o. Ces établissements ont manipulé, en 1899, 1,019,588 litres de lait produits par 936 vaches. L'apport pour une vache a donc été d'environ 1,090 litres d'une valeur de 109 francs, à laquelle il conviendrait d'ajouter la valeur de la consommation familiale et le prix de vente d'un veau (40 à 60 francs). Le rendement d'une vache laitière a donc atteint la moyenne déjà très satisfaisante de 150 à 200 francs.

La fabrication de fromage de Gruyère, qui avait été adoptée au début pour la plupart de ces fruitières, a été peu à peu abandonnée et remplacée par la fabrication de fromage bleu (façon Gex).

Les dépenses totales faites par l'État pour ces établissements s'élevaient au 31 décembre 1899 à 90,269 francs. Il serait téméraire de penser que ces dépenses aient eu quelque effet immédiat sur l'amélioration des pâturages. Ces fruitières, presque toutes installées dans les vallées, n'ont pu exercer jusqu'ici aucune action sensible sur la teneur en bestiaux des pâturages; mais on peut affirmer qu'elles ont contribué dans une large mesure à propager l'idée des fruitières et qu'ainsi elles ont préparé pour l'avenir le développement de l'industrie laitière dans toute la région.

Ce dernier résultat s'est affirmé d'une façon très nette par la création en 1888 de la grande laiterie briançonnaise, fondée au capital de 350,000 francs, qui à son début réunissait le lait de plus de 25 villages, et par quelques installations beaucoup plus modestes dues à l'initiative des communes ou des particuliers. On compte actuellement, dans le département des Hautes-Alpes, 39 établissements n'ayant pas reçu de subvention de l'État, savoir : 2 appartenant à des communes, 31 à des associations et 6 à des particuliers. Quelques-uns de ces établissements sont de création toute récente.

Dans la Drôme, il n'existe encore que neuf installations particulières, dont trois en Vercors.

Dans le département des Basses-Alpes, le plus ravagé peut-êtr par l'espèce ovine, il n'existe aucune fruitière.

En résumé, dans ces trois départements, l'industrie laitière n'est encore que bien faiblement et bien pauvrement représentée, et on a lieu d'être surpris de la faible quantité de gros bétail et surtout de vaches entretenues dans des régions présentant de si grandes étendues pastorales. D'après la statistique de 1892, le département des Hautes-Alpes, le plus riche des trois, ne renferme que 16,133 vaches, la Drôme 6,339 et les Basses-Alpes 2,548 seulement, alors que dans le département de l'Isère, si voisin, on en compte 125,997, dans celui de la Savoie 79,151 et dans la Haute-Savoie 84,462 [1].

Influence de la déclivité, du climat, de la composition minéralogique des sols, sur la dégradation des pâturages. — Telles sont les diverses circonstances économiques qui ont contribué, pour une grande part, à la ruine de cette partie de nos Alpes. Diverses causes orographiques, climatériques, minéralogiques, ont été aussi maintes fois citées comme ayant concouru à faire de cette région la terre classique des torrents. Il est certain que la hauteur des sommets, la déclivité des pentes, l'orientation des principales vallées vers le sud-ouest, un climat caractérisé par des chaleurs torrides, des sécheresses prolongées en été, des pluies rares, mais torrentielles, des fontes de neige très brusques; un sol formé, sur beaucoup de points, de roches facilement délayables ou ravinables par les eaux : gypses, dolomies, schistes liasiques, marnes bathoniennes, oxfordiennes, néocomiennes, ou de sables inconsistants formés par les grès éocènes, oli-

----

[1] Chiffres tirés de la Statistique agricole de la France. Résultats généraux de l'enquête décennale de 1892.

gocènes, les calcaires nummulitiques, il est certain, dis-je, que tout
semble disposé, dans cette région, pour favoriser la dénudation et
l'érosion; et cependant on y rencontre, çà et là, de belles forêts et de
magnifiques pelouses; elles témoignent des richesses végétales
d'autrefois, de l'incurie de l'homme qui n'a pas su, tout en les
exploitant, en assurer partout la reproduction; elles témoignent
aussi de la possibilité de les reconstituer.

Influence de la situation et de l'altitude. —— Ces massifs
de verdure pastorale ou forestière apparaissent surtout dans la
zone moyenne, aux altitudes de 1,200 à 2,400 mètres. Là, le climat
est plus tempéré, moins sec que sur les avant-monts brûlés par le
soleil de Provence, ou sur les pentes inférieures des vallées. C'est la
zone principale des sources, des petits ruisseaux nombreux, dont
les eaux claires et vives ne se sont pas encore concentrées et salies
dans les ravins profonds de la zone inférieure. C'est aussi, le plus
souvent, la zone des plateaux, des pentes adoucies formant comme
des gradins entre les escarpements et éboulis du bas, et les arêtes
et éboulis du haut. Cette zone comprend encore le fond et les
versants inférieurs de ces vastes cirques qui terminent les vallées
secondaires et où s'épanouissent les mille ramifications des torrents.
Elle est, d'ailleurs, relativement éloignée des principales agglomérations humaines et, par là même, moins exposée aux dévastations.
Elle échappe notamment à ce pâturage de printemps qui, dans la
région considérée, a causé la dénudation et la ruine de tous les
versants inférieurs. Au-dessus de cette zone moyenne, les pentes se
redressent, elles deviennent plus caillouteuses et, le plus souvent
même, elles sont constituées par des éboulis ou des escarpements;
la neige y séjourne longtemps; l'intensité des radiations lumineuses
pendant le jour, la froidure des nuits, due à l'altitude et à un rayonnement qui ne rencontre pas d'obstacle, la violence des vents y sont
peu favorables au développement d'une végétation vigoureuse et
touffue.

Influence de l'exposition. — L'influence de l'exposition est énorme dans cette région des *Alpes sèches.* Il y a un contraste frappant entre les versants de l'Adroit (sud et est) le plus souvent dénudés et ravinés, et ceux de l'Ubach (exposition nord et ouest) où, en dépit des mêmes abus d'exploitation, gazons et bois ont pu se maintenir.

Influence du boisement. — On doit noter encore l'association étroite qui existe entre la forêt et la pelouse, l'influence qu'elles exercent l'une sur l'autre. Les plus beaux, les plus riches pâturages à bêtes aumailles de l'Embrunois, du Briançonnais, du Haut-Champsaur sont ombragés par des bouquets de mélèze qui se sont maintenus parce que, le plus souvent, ces pâturages appartiennent à des particuliers. Les forêts communales constituent aussi très fréquemment la principale ressource des habitants pour l'alimentation de leurs vaches pendant l'été.

État actuel des pâturages élevés. — Quittez ces herbages particuliers bordés d'arbres et, le plus souvent, sillonnés, en outre, par une multitude de rigoles minuscules d'irrigation ; quittez, d'autre part, la lisière des bois soumis au régime forestier et vous arrivez à la pâture nue, pierreuse, sans arbre et souvent sans gazon. C'est la pâture commune livrée aux moutons ; visiblement elle se dégrade et devient de plus en plus improductive. Sur toutes les surfaces présentant une certaine déclivité, la pelouse n'existe plus ; elle est coupée par les sentiers durcis que suit le bétail ou par de petits ravinements qui se multiplient ; le gazon est discontinu, les touffes herbacées s'isolent l'une de l'autre, se déchaussent de plus en plus par le ruissellement des eaux pluviales, qui entraînent au bas du versant terre végétale et engrais du bétail. Sur les parties planes ou à pente très douce, le tapis végétal, qui garde mieux l'engrais du bétail et reçoit même une partie de celui des pentes voisines, est mieux conservé ; le gazon est continu et même souvent extrêmement dru; mais il est tellement court, sur ce sol battu depuis des siècles par le pied du bétail, que la production herbacée en est très faible. D'ailleurs, la surface exploitable de ces parties planes se réduit, de jour en jour, par les déjections de pierres dont les eaux, la neige, le piétinement par le bétail des pentes supérieures provoquent l'entraînement; souvent aussi, les ravinements qui se forment sur ces pentes, de jour en jour plus dégradées, se prolongent à travers le plateau et y développent de larges érosions.

Une autre cause d'appauvrissement pour le pâturage, c'est l'invasion des espèces végétales les moins recherchées du bétail qui se multiplient aux dépens des bonnes espèces et finissent par prendre dans le pâquis une place prépondérante. Ce sont, pour la plupart, des espèces ligneuses, subligneuses et, dans tous les cas, coriaces, dures à la dent du bétail. Ce sont, dans les régions élevées, dans les situations les plus fraîches, les rhododendrons, les aunes verts, les airelles, certaines laîches; sur les croupes sèches, le nard-raide, parfois des genévriers, des bruyères, etc.; sur les pentes inférieures, des lavandes, des buis, des genêts, des hyppophaës, des bugranes, etc. D'importantes surfaces deviennent ainsi presque complètement inaptes à l'alimentation du bétail et *il en résulte une surcharge pour les parties bien gazonnées.*

Leur gestion. — Fâcheuses pratiques pastorales. —

Rien n'est fait, d'ailleurs, dans ces pâturages soumis à la gestion communale pour améliorer les gazons, ni même pour les maintenir en bon état de conservation et de production. Une misérable baraque en pierres sèches, véritable tanière couvrant 4 ou 5 mètres carrés, est établie sur le plateau central pour abriter le pâtre. A côté, un petit mur, en pierre sèche, forme le parc où le troupeau vient se remiser la nuit.

Là s'accumulent d'assez grandes quantités de fumier, que quelques cultivateurs viennent parfois recueillir à dos de mulet, mettant souvent une demi-journée pour ramener une charge de 100 kilogrammes. Il arrive même, quand le transport est plus onéreux ou plus difficile, que le précieux engrais reste sur place inutilisé. Dans les environs immédiats du parc et dans toutes les stations préférées du bétail, le terrain est surchargé de déjections. Il s'y développe une végétation de plantes dites *ammoniacales*, telles que la patience des Alpes, l'aconit-napel, le seneçon des pâtres, la grande ortie, etc., que les animaux dédaignent. Partout ailleurs, le gazon s'épuise, privé des fumures indispensables, et se couvre peu à peu de la végétation des terrains infertiles.

Même indifférence, même incurie en ce qui concerne les engrais naturels minéraux et végétaux (humus tourbeux, feuillages et racines de plantes délaissées par le bétail) qui, parfois, pourraient être facilement utilisés. Même indifférence, enfin, en ce qui concerne les eaux qui existent très abondantes dans la plupart de ces pâturages et y forment, tantôt de petits lacs et cuvettes marécageuses et tantôt s'écoulent inutilement le long des ravins, entre des croupes et plateaux desséchés.

La production herbacée se réduisant incessamment et le nombre de têtes de bétail, réglé d'après *les besoins des habitants,* restant le même, ou parfois s'accroissant, la dégradation s'accentue de plus en plus rapidement, jusqu'à la ruine finale. Or, cette dégradation progressive est le cas de presque tous les pâturages de cette zone moyenne si importante dans l'économie alpestre. Cette zone participe peu à peu à la dégradation plus accentuée encore de la zone qui s'étend jusqu'aux crêtes supérieures ou jusqu'à la région des neiges éternelles.

Et il y a là une situation bien inquiétante, et peu connue malheureusement, car ces régions ne sont guère visitées que par les pâtres ou par le forestier qui arrive jusqu'à la lisière supérieure de la forêt communale ou veut étudier, dans toutes ses parties, le bassin de réception d'un torrent. Elle est ignorée même de la plupart des habitants, ou mal appréciée par eux, car ils se sont accoutumés à l'aspect de ces dénudations et de ces ruines, qui d'ailleurs,

s'étant formées peu à peu, n'éveillent que rarement leur attention.

Cette situation est bien dangereuse, car la ruine se propage ; elle
atteint la forêt voisine, dont la lisière, insuffisamment protégée,
résiste de plus en plus difficilement aux incursions d'un bétail
affamé; puis les prés et cultures du versant, car il faut bien que le
torrent et l'avalanche, dont les forces actives se sont accrues à mesure que diminuaient les résistances de la végétation, s'ouvrent un
passage ou l'élargissent.

**Relations du régime pastoral avec la question des irri-
gations.** — C'est alors que va intervenir la manifestation de ce
deuxième fait que j'ai signalé comme caractérisant, malheureusement d'une façon trop certaine, la situation actuelle de cette
région des Alpes : l'aggravation du régime torrentiel des rivières.
Je ne puis étudier cette question dans tous ses détails, mais je
signalerai seulement les deux faits suivants :

1° Le débit des eaux de la Durance à l'étiage semble se réduire
de plus en plus et cette rivière devient de plus en plus impuis-
sante à alimenter les canaux, établis à grands frais, pour procurer
aux cultures de la Provence les eaux d'irrigation qui leur sont
indispensables et alimenter ses villes, notamment Aix et Marseille.

Au printemps de 1896, après un automne et un hiver relativement secs, il fut constaté que la rivière donnait à peine la moitié
de son débit normal à l'étiage. Un règlement dut être établi pour
rationner les différents canaux et partager équitablement entre eux
la faible quantité d'eau disponible. Le conseil général des Bouches-
du-Rhône, très préoccupé de cette situation, a, dans sa séance du
18 avril 1896, demandé que le Gouvernement fît étudier des
projets destinés à créer, dans les hautes vallées de la rivière ou de
ses affluents, au moyen de barrages, des lacs constituant des réserves d'eau suffisantes pour supprimer ou au moins atténuer l'effet

des périodes de sécheresse. Dans une brochure publiée en 1896[1], M. Demontzey a fait ressortir les difficultés et le danger de travaux de ce genre dans des rivières présentant au plus haut degré le caractère torrentiel.

Quoi qu'il en soit, un projet a été étudié pour la construction, dans le lit de la Durance, entre Tallard et Embrun, d'un immense réservoir qui aurait pour objet de déverser dans la rivière, pendant les périodes de sécheresse, un certain volume d'eau. Mais comme ce projet entraînerait une dépense d'environ 20 millions de francs, comme, d'autre part, des doutes peuvent subsister sur son efficacité, en raison de l'énorme réduction que subira le volume d'eau déversé, dans son passage tout le long des délaissés de la rivière, il est présumable que ce projet ne pourra, dès longtemps, être mis à exécution.

Un projet analogue a dû être étudié également pour l'alimentation des canaux si importants dérivés du Drac, et notamment des canaux qui arrosent le bassin de Gap et la vallée de Champsaur et qui, eux aussi, subissent de plus en plus l'influence des sécheresses estivales. Ce projet consisterait dans l'utilisation, comme réservoir, d'un lac de montagne, le lac des Estaris, situé sur le territoire de la commune d'Orcières, à l'altitude de 2,100 mètres.

Ces projets d'une exécution si coûteuse, si difficile, dangereuse même et de résultats peut-être incertains, montrent assez les trop justes préoccupations qu'inspire l'irrégularité, de plus en plus grande, du régime de nos grandes rivières des Alpes. Dans la publication déjà citée, M. Demontzey fait ressortir l'insuffisance des mesures prises et des travaux de reboisement et de correction exécutés jusqu'à ce jour pour réduire les causes mêmes de cette irrégularité.

Il met en regard la faible surface acquise par l'État, en application de la loi du 4 avril 1882, pour l'exécution des travaux de

[1] P. Demontzey, *Les retenues d'eau et le reboisement dans le bassin de la Durance.* Aix, 1896.

restauration obligatoire (3o,ooo hectares dont 22,000 reboisés) et les 7,715 hectares de reboisements facultatifs exécutés par les communes et particuliers, avec subventions de l'État et des départements, en regard des 5oo,ooo hectares de terrains dénudés que comprend le bassin de la Durance. Il conclut à une large et rapide extension de tous les travaux obligatoires et facultatifs, à l'application immédiate de toutes mesures capables de concourir au reboisement et au regazonnement des pentes dénudées, de réduire les affouillements et érosions, et d'atténuer ainsi, progressivement, par une œuvre vivante que l'activité végétale développerait incessamment, la torrentialité des cours d'eau. Il a appelé, notamment, l'attention sur la nécessité de seconder les départements, communes et particuliers, dans l'exécution des travaux de reboisement et d'*améliorations pastorales*, de subventionner largement ces travaux au nom de l'intérêt public, *de concilier l'intérêt du pâturage avec celui de la conservation des arbres;* d'encourager et de développer la formation de syndicats pour conjurer la ruine du sol par toutes améliorations forestières et agricoles.

Influence de la zone pastorale sur les crues torrentielles. — 2° J'ai été personnellement à même d'apprécier les résultats, en sens contraire, de l'irrégularité du régime de l'une de nos grandes rivières des Alpes, le Drac. Si l'affaiblissement de ces rivières, au moment où leurs eaux sont nécessaires pour l'irrigation des prés et cultures de la région méridionale, provoque de légitimes préoccupations, le développement anormal de leurs crues est un phénomène bien autrement inquiétant. Chargé d'étudier les circonstances de deux crues successives du Drac et de ses affluents, survenues les 15 et 26 octobre, et les 7 et 8 novembre 1886, à la suite de pluies torrentielles, et les dégâts occasionnés par elles, j'ai pu formuler, après une enquête minutieuse, les constatations suivantes :

Les grands torrents, ceux qui embrassent dans leur bassin

les immenses pâturages de la zone élevée et qui d'ordinaire, dans leurs crues, accumulent sur leurs cônes de déjection ou apportent à la rivière principale d'énormes quantités de matières, blocs de toute dimension et pierrailles entraînées par leur flot boueux, eurent cette fois, toute proportion gardée, des apports d'eaux et de matières manifestement moins importants que les petits torrents qui prennent leur origine sur le flanc des montagnes ou dans des bassins d'altitude peu élevée. Ces grands torrents, habituellement si redoutables, ne charrièrent que des matériaux de faible dimension et ne causèrent que peu de dégâts. L'explication de ces faits était facile. Aux altitudes élevées, dans cette période pluvieuse d'octobre et novembre, la température s'était refroidie et la neige était tombée, soustrayant toute la zone élevée, à partir d'une altitude qui a varié suivant les oscillations de la température ou suivant les expositions, de 1,300 à 2,500 mètres, au ruissellement des eaux pluviales. Mais de cette innocuité relative des grands torrents dans la période considérée et pour le motif indiqué, on peut déduire cette conséquence que c'est la zone pastorale élevée qui contribue, dans les circonstances ordinaires, pour la plus grande part à leurs apports de matériaux et aux ravages de leurs crues.

Cette conclusion est d'ailleurs complètement d'accord avec l'impression qui ressort du spectacle des dégradations multipliées et parfois importantes que l'on observe dans ces régions élevées. Dans les vallées de Champoléon et du Valgaudemard, certaines pentes ou cols de la zone élevée formés de schistes ou de marnes noires sont presque complètement en ruines et le cercle des érosions ne cesse de s'étendre.

Une autre conclusion, tirée des faits observés, a été celle-ci :

Les dégâts causés par ces deux crues successives aux terres et cultures, aux digues, ponts, canaux, etc., dégâts très considérables, puisque dans la seule région du Champsaur, du Valgandent et du Devoluy, ils s'élevèrent certainement à une valeur de plusieurs millions de francs, ne furent rien en comparaison du désastre qui fût certainement survenu dans la région et surtout dans cette plaine de Grenoble si dangereusement menacée, si la température ne se fût pas abaissée de quelques degrés, et si cette zone élevée, de surface très étendue, et ainsi soustraite aux ondées pluviales, eût fourni, comme le surplus du bassin, son contingent d'eaux et de matières.

J'ai pu faire enfin, à l'occasion de cette même crue, une autre constatation plus rassurante, c'est celle des merveilleux effets du reboisement et du regazonnement naturel par la mise en défens.

Ainsi, les versants de Pratpic, des Côtes des Marches (vallée d'Orcières), du Béchit, de Chatelard (vallée de Champoléon), qui étaient des pâturages de printemps, s'étaient jadis dénudés et ravinés à ce point, qu'en raison des dégâts occasionnés aux propriétés inférieures, notamment en 1856 et 1860, les habitants eux-mêmes demandèrent leur soumission au régime forestier. Satisfaction leur fut donnée par des arrêtés préfectoraux rendus en conseil de préfecture, en application du dernier paragraphe de l'article 90 du Code forestier. Les terrains furent, dès lors, complètement restaurés par des travaux de reboisement, et le ruissellement des eaux sur ces versants très rapides ne produisit, dans cette crue de 1886, aucun dégât. Pareil résultat fut constaté pour le versant qui domine le village de la Motte, soumis également au régime forestier sur la demande des habitants et simplement mis en défens depuis (soit pendant quinze à vingt ans). Il s'est spontanément regazonné et même partiellement reboisé. Ses ravinements se sont d'eux-mêmes corrigés par le talutage naturel des berges et n'ont donné aucune déjection.

Conséquences économiques. — Le mauvais état et la mauvaise exploitation des pâturages réagissent d'une façon fâcheuse sur la situation économique des trois départements qui viennent d'être étudiés.

Elles ne donnent, en effet, qu'une bien maigre production ces immenses surfaces où l'on entretient, pendant l'été, les troupeaux de moutons. D'après les états de bestiaux d'un assez grand nombre de communes des Hautes-Alpes, le nombre des bêtes à laine tenu par hectare varie, le plus souvent, entre 1 et 3; il n'est guère que de 2 en moyenne pouvant donner, comme bénéfice résultant de l'élevage, 5 francs, et, déduction des taxes, frais de garde et divers, au maximum 3 francs, soit 6 francs par hectare. Cela serait moins encore si l'on se basait sur les chiffres des locations. On a vu que pour les transhumants qui, il est vrai, occupent en général les plus mauvais pâturages, *voire même ceux où les habitants, par crainte d'accidents, n'osent pas mettre leur propre bétail*, le prix de location ne serait que de 0 fr. 60 × 2 = 1 fr. 20 par hectare. Si l'on estime le profit des chefs de famille qui estivent dans la montagne 30 bêtes à laine, et beaucoup d'entre eux ont à peine ce nombre, on voit qu'il s'élèverait à 30 × 3 = 90 francs. C'est peu pour une famille et on exagère singulièrement les faits en disant que les pâturages constituent la seule ressource de l'habitant. La vérité est que, dans l'état actuel des pâturages communs, les habitants vivent surtout du produit de leurs terres; et comme celles-ci sont peu étendues et peu productives, comme aussi elles participent assez souvent de la stérilisation du pâturage commun et se dégradent avec lui, il en résulte que ces populations peuvent compter parmi les plus misérables du territoire français. D'où l'émigration et la dépopulation si souvent constatées de ces régions. Dans les départements des Hautes-Alpes et Basses-Alpes, le nombre des habitants, après s'être accru jusqu'en 1846 pour le premier et jusqu'en 1836 pour le second, a diminué, de 1846 à 1896, de 60,109 habitants pour une population totale, en 1846, de 287,222 habitants, soit une diminution de 20.9 p. 100. M. Guinier[1] a d'ailleurs établi très nettement, par l'analyse des dénombrements communaux, que cette dépopulation ne s'est pas produite, en raison de l'alti-

---

[1] E. Guinier, *La question des montagnes*. Grenoble, 1890.

tude, soit en raison du climat et des difficultés plus grandes de
l'existence, dans les stations très élevées, mais bien *en raison de
la dégradation plus ou moins avancée du sol.* C'est ainsi que la dépopulation a commencé plus tôt et s'est accentuée davantage dans le
département des Basses-Alpes et dans les cantons les plus méri-
dionaux des Hautes-Alpes. L'arrondissement de Barcelonnette, qui
est certainement l'un des plus dégradés, n'a plus qu'une population de 12 habitants par kilomètre carré; dans celui de Castel-
lane, la dépopulation a atteint le taux de 26.8 p. 100.

CHAPITRE II.

LES ALPES-MARITIMES.

État des pâturages. — Le département des Alpes-Maritimes ne présente peut-être pas de dégradations aussi avancées ni aussi étendues que celles que nous venons de constater dans les Hautes-Alpes, les Basses-Alpes et la Drôme. Cependant, M. Boyé qui a bien fréquenté et étudié ces montagnes, en a fait la description suivante :

Elles sont belles, vues de loin, mais elles présentent, lorsqu'on s'en approche, un aspect lamentable. Sur 375,000 hectares que comprend le département des Alpes-Maritimes, il y a 182,000 hectares de landes et 42,000 hectares figurant comme bois sur les matrices cadastrales, mais qui ne sont, en réalité, que des broussailles portant quelques arbres mutilés et sans valeur.

Il demande ensuite *comment ces montagnes, où les eaux ne manquent pas, où le climat est tempéré, ont pu en arriver à un degré de dénudation tel, qu'elles ne peuvent plus subvenir aux besoins de la rare population qui les habite.* Et il n'a pas de peine à démontrer, en réponse à cette question, que la culture des terres en pente, les abus du pâturage ont là, comme dans tant d'autres pays, fait disparaître peu à peu les arbres, les gazons et le sol qui les portait[1].

Situation actuelle de l'industrie laitière. — L'industrie laitière a une certaine importance dans ce département qui, d'après la statistique de 1892, compte 9,058 vaches, auxquelles, malheureusement, viennent se joindre 25,177 chèvres. Le lait de ces animaux alimente 63 laiteries ou fromageries, dont 3 ont été

[1] *Les Alpes-Maritimes. Considérations au point de vue forestier, pastoral et agricole,* par M. Boyé, ancien conservateur des forêts. Lille.

subventionnées par l'État sur le budget des Forêts (laiteries de Moulins et de Roquebillière, fromagerie de la Cerise) et quelques autres, par de petites allocations départementales. La plupart de ces établissements situés en montagne, fonctionnent du 1er juin au 1er octobre. Quelques-uns ne commencent leur exploitation que du 15 au 20 juin, ou même au 1er juillet. 3 établissements situés aux basses altitudes (communes de Moulinet, Sospel, Roque-billière) fonctionnent, au contraire, du 1er octobre au 1er juin. Parmi ces fruitières, 36 sont alimentées exclusivement par des vaches formant des troupeaux de 25 à 300 et, le plus souvent, de 50 à 100. 25 manipulent exclusivement le lait de chèvres composant des troupeaux de 30 à 500 bêtes, le plus souvent de 70 à 120. Enfin, 2 fruitières sont alimentées à la fois par des vaches et par des chèvres.

Ces établissements fabriquent un fromage de pays qui a une valeur de 1 franc à 1 fr. 50 le kilogramme; un fromage de qualité inférieure, le *broussin*, valant 0 fr. 60, et enfin du beurre, dont le prix est, en moyenne, de 2 fr. 25.

Les vaches du pays donnent en moyenne 5 à 6 litres de lait par jour d'estivage, et les chèvres peuvent produire environ 4 kilogrammes de fromage pendant toute la saison.

Les pâturages des Alpes-Maritimes appartiennent, soit à des particuliers, soit à des communes. Certains groupes d'habitants possèdent des droits d'usage appelés droits de *bandite* ou droits de la *terre de cour*, fixés par des titres anciens et qui s'exercent, parfois, sur le territoire d'autres communes ou, même, sur le territoire italien.

Les communes mettent généralement en adjudication leurs vacheries. Elles sont louées à raison de 15 à 25 francs par tête de bête bovine, pour toute la durée de l'alpage. On compte qu'une vache exige, au minimum, un parcours de 120 à 150 ares[1]. Le

[1] *Les pâturages et les prairies naturelles.* Gustave Heuzé, Paris, 1897.

bétail se remise la nuit dans des parcs fermés de murs en pierre sèche, rarement dans des hangars en bois qui existent pourtant aux stations les plus élevées. Lorsque les pâturages ne sont pas mis en location, les propriétaires de la commune forment un troupeau commun sous la conduite d'un vacher à leurs gages et le produit est partagé, à la fin de la campagne, au prorata du lait de chaque vache.

CHAPITRE III.

LES ALPES DE L'ISÈRE ET DE LA SAVOIE.

Situation pastorale. — Si les montagnes méridionales de notre chaîne alpestre ont cruellement souffert aussi du pâturage des moutons et des chèvres et suivent de près, dans l'échelle des dégradations, la région centrale étudiée tout d'abord, les montagnes de l'Isère et de la Savoie sont, en général, mieux conservées. Il faut en excepter, cependant, la zone contiguë aux Hautes-Alpes, notamment les bassins du Drac et de la Romanche et la vallée de la Maurienne qui, sur bien des points, participent des conditions défavorables et, par suite, des dégradations de la région centrale. Mais, à mesure que l'on avance vers le nord, le climat devient plus humide, plus froid, plus régulier et par conséquent plus favorable aux reconstitutions végétales. On s'éloigne de la région des moutons transhumants. Dans la plupart des alpages, la vache se substitue à l'espèce ovine; les fourrages, sur bien des pentes rapides, bien des plateaux élevés, sont récoltés et non plus pâturés. Le déboisement est loin d'avoir été aussi général. Il n'est pas jusqu'au régime ou au mode de gestion de la propriété qui ne soit plus favorable à la conservation des pelouses : des alpages assez nombreux et assez étendus sont la propriété de particuliers qui savent les entretenir et les mettre en valeur. M. Briot, dans son *Économie alpestre,* nous a donné des exemples de montagnes particulières, où tous les principes d'une exploitation rationnelle sont appliqués. A Beaufort (Savoie), une montagne de 150 hectares, dont 75 à l'état de rochers, comprise entre les altitudes de 1,500 à 2,000 mètres, nourrit environ 150 têtes de gros bétail pendant 82 jours. Sur toutes les pentes rapides, on établit de petites plates-formes ou *creux* de 2 mètres de côté, espacées de 2 m. 50 dans le sens horizontal et de 8 à 10 mètres dans le sens de la plus grande pente. Sur chaque plate-forme, on attache, pendant la nuit, une vache à un piquet. Chaque matin, on épand autour des plates-formes, le fumier produit. Ce singulier campement se déplace tous les deux jours et laisse le terrain parfaitement fumé. Onze chalets établis sur différents points de la montagne servent à abriter le bétail, à le rassembler pour la traite, enfin à transformer sur place le lait recueilli en fromage et beurre. La montagne ainsi traitée arrive à donner une production brute de 11,487 francs et un revenu de près de 6,000 francs qui fait ressortir à 7 fr. 40 p. o/o le taux du capital engagé.

Situation actuelle de l'industrie laitière. — L'industrie laitière, qui a pris tant d'importance en Suisse et en Franche-Comté, s'est d'ailleurs propagée, peu à peu, en Savoie et ne cesse d'y faire des progrès. Actuellement, on n'y compte pas moins de 681 installations laitières ou fromagères, savoir :

DÉPARTEMENTS.	NOMBRE DES FRUITIÈRES APPARTENANT		
	à des COMMUNES.	à des ASSOCIATIONS.	à des PARTICULIERS.
Savoie................................	48	102	103
Haute-Savoie........................	5	329	94
TOTAL..............	53	431	197

L'Administration des Eaux et Forêts n'a pas eu à contribuer beaucoup à ces installations qui se sont créées spontanément, par l'exemple, trouvant d'ailleurs, dans ces départements, des conditions très favorables et, notamment, une population de vaches laitières très importante (environ 80,000 dans chaque département) qui ne demandait qu'à être mieux utilisée. Cependant de petites subventions, variant de 200 à 1,000 francs, ont été accordées à 13 as-

3.

sociations ; des subventions plus importantes ont été allouées pour l'installation de deux belles fruitières bien organisées dans la haute vallée de Valloire-en-Maurienne. Au total, dans les deux départements, le montant des subventions allouées ne s'est élevé, jusqu'ici, qu'à 24,641 francs.

L'une de ces fruitières subventionnées, qui paraît avoir donné les meilleurs résultats, est celle de Lathuile (Haute-Savoie). Alimentée par 80 vaches du pays, elle a manipulé, en 1898, 123,522 litres de lait. Le rendement brut moyen, en argent, par vache, en y comprenant la valeur d'un veau (30 francs), a été de 209 fr. 48.

Dans le département de l'Isère, on ne compte encore que 45 installations, dont 12 appartiennent à des associations et 33 à des particuliers. C'est peu pour un département qui, d'après la statistique agricole, ne possède pas moins de 125,997 vaches. Quelques encouragements peu importants ont été donnés, par l'Administration, à 6 petites fruitières. En outre, une fruitière modèle a été établie à Gresse. En 1898, cet établissement a manipulé 143,000 litres de lait, provenant de 160 vaches et avec lequel on a fabriqué : fromage de gruyère, fromage bleu et beurre. Le rendement brut par vache (veau non compris) a été de 102 fr. 79. Au total, les dépenses faites par l'État, dans ce département, se sont élevées à 16,847 fr. 69. Le département a, de son côté, donné quelques petites subventions variant de 100 à 500 francs.

Transhumance. — Un certain nombre de pâturages communaux sont mis en location. Ici, comme dans la région centrale du massif, les baux contractés avec les bergers de Provence dans l'Oisans, la Maurienne et quelques autres vallées, ne sont guère avantageux. Le prix par mouton baisse encore, en raison de l'éloignement, et les montagnes surchargées se dégradent dangereusement. Aussi, à différentes reprises et notamment dans sa délibération du 31 août 1898, le conseil général de l'Isère, ému des dangers que l'exhaussement continu du lit du Drac et de celui

de l'Isère fait courir à la ville de Grenoble et à la plaine du Grai-
sivaudan, a-t-il demandé que l'État achetât ou mît en défens,
moyennant indemnité, les montagnes en question.

Locations pour le gros bétail. — Les locations faites pour
le pâturage des bêtes aumailles sont moins désavantageuses, surtout si elles sont conclues pour des périodes assez longues (9 ans,
par exemple). L'exploitant est alors intéressé à soigner la pâture et
à ne pas la surcharger.

Les anciennes réglementations de Savoie. — Mais quand
le pâturage est livré à la jouissance commune des habitants, on
voit, presque partout, se reproduire les funestes conséquences
d'une gestion qui n'assure aux montagnes ni la garantie d'une bonne
réglementation, ni les soins d'entretien qui leur sont nécessaires.

« Sous le régime sarde, des règlements de jouissance avaient été
établi dans toutes les communes et étaient l'objet d'une instruction
locale très complète : avis de l'intendant, rapport d'un membre du
Sénat de Chambéry, conclusions de l'avocat général, arrêt du Sénat, etc.

« Dans des préambules soignés, ces règlements posent, en principe : *que l'on doit se proposer avant tout d'empêcher des minorités aisées
de jouir des communaux, sans mesure, au détriment des majorités
pauvres.*

« . . . *Qu'une organisation pastorale perfectionnée peut seule procurer
des bénéfices aux habitants.*

« Ils appuient sur la nécessité d'un *aménagement* véritable, etc.[1] »

Les limites des pâturages, leur affectation aux différentes espèces
de bétail, bovine, ovine, caprine, les périodes de parcours, les chemins d'accès, étaient fixés par ces règlements, qui indiquaient également le nombre maximum de têtes admissibles pour chaque chef

[1] F. Briot, *Études sur l'économie alpestre.*

de famille, ce nombre étant le plus souvent réglé d'après l'hivernage ou d'après la contribution foncière.

Enfin des mesures étaient prévues pour assurer l'exécution de ces règlements et en contrôler l'application. Des taxes élevées, pour le bétail introduit en fraude, en constituaient la sanction.

Ces règlements renfermaient donc toutes les prescriptions désirables et on ne pouvait leur reprocher qu'une chose, il est vrai essentielle, c'est que le nombre des animaux admis au pâturage se réglait sur les besoins des habitants plutôt que sur une possibilité sévèrement calculée.

Quoi qu'il en soit, il est regrettable que beaucoup de ces règlements locaux soient tombés en désuétude, ou tout au moins qu'ils ne soient plus que très imparfaitement et incomplètement appliqués. Sur bien des points, en effet, dans ces trois départements de l'Isère, de la Haute-Savoie et de la Savoie, la ruine commence. Un service du reboisement a dû être installé à Grenoble et Annecy pour y conjurer, comme dans la région voisine, les dangers nés et actuels. Dans certaines montagnes, la dénudation est très avancée; dans d'autres, la pâture communale s'est appauvrie considérablement par le développement des rhododendrons et autres végétaux nuisibles. Et comme partout, les forêts existantes sont souvent la victime de l'épuisement des pelouses pastorales. Le service forestier a peine à les défendre contre les exigences croissantes des populations.

CHAPITRE IV.

LA SITUATION PASTORALE DANS LES AUTRES RÉGIONS MONTAGNEUSES DE LA FRANCE.

J'ai étudié, avec quelques détails, la région des Alpes françaises, parce que nulle part la situation pastorale n'apparaît aussi critique; parce qu'on y trouve, rassemblées sous des aspects multiples et saisissants, toutes les ruines du sol, et que ces ruines portent encore l'empreinte, la marque nettement accusée de la cause qui les a produites; parce qu'enfin, les dégâts occasionnés par les abus pastoraux, par une exploitation faite sans règles, sans soins culturaux et aussi presque sans profits, se manifestent encore sous nos yeux et peuvent nous faire présager, en toute certitude, des dégâts bien plus grands et une déchéance économique plus complète dans l'avenir. Je m'étendrai moins sur les autres régions montagneuses de la France et me bornerai à faire ressortir que, là aussi, le mal apparaît sous cette double forme : l'usure progressive de la couche végétale du sol qui aboutit à la dénudation et à l'érosion; l'envahissement des végétaux nuisibles, *qui réduit peu à peu les surfaces utilisables par le bétail et prépare la dégradation des parties fertiles;* que là encore, les conséquences funestes de la ruine pastorale s'affirment avec un caractère de plus en plus inquiétant.

Région pyrénéenne. — Les hautes régions pyrénéennes, formées de granit, de terrains de transition, de calcaires compacts, résistent assez bien à l'érosion. Si l'on en excepte la partie orientale, le versant français, sensiblement moins sec que les Alpes de Provence, grâce à son exposition nord et à un régime pluvial plus régulier, offre des conditions plus favorables aux formations d'humus. Aussi, le sol, couvert de pelouses et de forêts, a-t-il été beaucoup moins entamé jusqu'ici par les ravinements et les érosions[1]. Celles-ci se sont multipliées davantage dans les avant-monts et plateaux subpyrénéens, où le sol est formé de terrains crétacés et tertiaires ou d'apports fluvio-glaciaires, assez affouillables. C'est là que les cours d'eau pyrénéens se chargent surtout des matériaux de déjection qui rendent leurs crues si dangereuses[2].

Ici déjà, l'on peut observer que les deux causes principales d'appauvrissement, déjà signalées pour les pâturages privés de soins culturaux, agissent en raison inverse l'une de l'autre. Si l'usure de la couche végétale se produit faiblement, l'invasion des plantes nuisibles s'accentue. C'est le cas pour les pâturages et bois pâturés pyrénéens qui, sur d'importantes surfaces, sont devenus des brousses ou landes presque improductives de bruyères, fougères, genévriers, rhododendrons, etc. Aussi M. de Lapparent, visitant ces régions, a-t-il pu dire :

Ces pâturages sont bien mal administrés; les usagers en jouissent avec une déplorable incurie et une ignorance absolue de leurs propres intérêts. Ils font coucher leurs animaux aux mêmes endroits, aux mêmes jasses, ce qui fait que, sur des étendues restreintes, le sol surfumé, ou bien n'a plus de végétation, ou bien produit une herbe de mauvaise qualité que les animaux refusent... Je mets en fait qu'ils seraient susceptibles, par des améliorations simples, d'une exécution facile et peu coûteuse, de nourrir un quart de plus d'animaux qu'on n'en nourrit actuellement. Ah! quand il s'agit de propriétés particulières, les montagnards savent bien faire ce qui est nécessaire. La preuve en est dans les empiètements considérables du territoire commun fait à de très grandes altitudes et où, en peu de temps, un bout de pâture médiocre devient une prairie fauchable, bien enclose, bien nivelée, utilisant le moindre filet d'eau[3].

[1] P. Demontzey, *Rapport au Congrès international de Vienne,* 1890.

[2] L. Fabre, *Le plateau de Lannemezan et les inondations sous-pyrénéennes.*

[3] De Lapparent, *Bulletin du Ministère de l'Agriculture,* 1892, tome I.

L'exploitation pastorale pyrénéenne [1] comprend l'élevage de bêtes bovines de travail (races ariégeoise ou saint-gironnaise, lourdaise, basquoise ou béarnaise) et l'élevage des chevaux. L'élevage de brebis laitières y est aussi très développé et s'exerce presque partout en même temps que l'élevage des bêtes à cornes. De l'ensemble de ce régime pastoral, il résulte une garantie relative de conservation du sol. Aussi, contrairement à ce que l'on a constaté dans les Alpes, l'on voit des versants à pentes rapides, fréquentés par les bêtes à laine, revêtus néanmoins d'une végétation herbacée épaisse.

La race ovine, élevée en vue de la fabrication des fromages, donne lieu à une exploitation pastorale tout à fait rudimentaire.

Les chalets qui servent d'abri aux *pasteurs* (ce nom est consacré dans les Pyrénées) sont d'informes masures, souvent presque en ruines (cujalas ou cayolars des Basses-Pyrénées), ou des huttes presque coniques, recouvertes de terre (*orrys* de l'Ariège), dont ne se contenterait aucune peuplade sauvage. Le matériel est des plus simplifiés; quand un troupeau change de quartier, cette émigration offre un aspect primitif, qui ne doit guère différer des voyages pareils du temps d'Abraham.

Les fromages fabriqués sont blancs, légèrement veinés de bleu, à pâte demi-tendre, en général assez médiocres ou inférieurs, pour que ces produits se consomment dans le pays et ne puissent faire l'objet d'aucun commerce d'exportation.

Les troupeaux de brebis, dans la vallée d'Ossau et dans les vallées voisines, sont gardés uniquement par les hommes ou jeunes gens. Les femmes restent au village et se livrent à la culture des champs, au grand étonnement des voyageurs qui ne voient pas d'hommes dans les cultures. Ces pasteurs mènent une existence tout à fait oisive, car la surveillance des troupeaux est exercée, en

---

[1] Les renseignements qui suivent sur l'exploitation pastorale supérieure m'ont été fournis par M. E. Guinier, inspecteur des eaux et forêts en retraite à Annecy.

fait, par des chiens (labris), merveilleux d'intelligence, et le pasteur ne quitte pas les abords de son chalet.

Ces troupeaux sont, du reste, pour la plupart, de véritables transhumants, soit que leurs propriétaires les mènent hiverner dans les landes de la Gascogne, soit que les pasteurs prennent, à des conditions diverses, les brebis appartenant à des propriétaires des plaines.

L'industrie de l'élevage des bêtes à cornes est loin de donner de grands profits.

Picamilh, dans une statistique générale des Pyrénées (1858), a calculé le produit d'un troupeau de 30 vaches. Il est arrivé à un rendement net de 624 francs, soit 20 francs environ par tête de bétail. Et ce produit n'a pas augmenté depuis l'époque à laquelle l'auteur écrivait.

L'exploitation des bêtes ovines pour la fabrication des fromages bleus n'est pas non plus très productive. Cette industrie s'exerce d'ailleurs d'une façon toute primitive dans les *cujalars*. Les manipulations sont très sommaires et ne sont pas complétées, comme pour le fromage de Roquefort, par de bonnes installations de caves et par des soins d'entretien multipliés. D'après le même ouvrage de Picamilh, il résulte d'un calcul fait sur un troupeau de 100 brebis, que le rendement net par brebis serait de 6 fr. 75. Ce profit serait moins élevé encore aujourd'hui.

Qu'a-t-on fait pour remédier à cette situation de la région pyrénéenne qui est déjà, sur beaucoup de points, devenue inquiétante au point de vue hydrologique[1] et qui, au point de vue économique, s'achemine, comme la région alpestre, vers l'appauvrissement et la dépopulation? L'application des lois de 1860 et de 1882 a eu pour résultat le reboisement de 6,000 hectares et l'étude de nouveaux périmètres qui comprendront 18,000 hectares. Soit en

---

[1] Guénot, secrétaire général de la Société de géographie de Toulouse, *Les inondations de 1897 dans les Pyrénées*. Marseille, imp. Barlatier. — Trutat, *Le déboisement et le relief du sol*, Congrès du club alpin français dans les Pyrénées-Orientales.

tout 24,000 hectares : 4 p. 100 de l'étendue des 670,000 hectares des pâtures, vacants et rochers compris dans la région pyrénéenne [1]. Pour combattre l'état de gêne et de misère dû à ce régime pastoral des temps primitifs, l'État a subventionné l'établissement de fruitières. Ces utiles encouragements, dus à l'initiative de M. Calvet, n'ont pas donné encore tous les résultats que l'on pouvait en attendre, en raison de la persistance routinière des populations à utiliser, surtout pour *le travail*, leurs petites races de vaches.

Cependant, le département de la Haute-Garonne renferme déjà 19 installations de laiteries ou fromageries, dont 8 ont été subventionnées par l'État. Une de ces installations appartient à la ville de Luchon, 2 à des sociétés et 16 à des particuliers. Les 8 fruitières subventionnées ont coûté à l'État, en fin de l'exercice 1898, 64,209 fr. 87. En 1898, elles ont manipulé 1,258,021 litres, et le rendement net par litre de lait a varié de 0 fr. 106 à 0 fr. 130.

Le département de l'Ariège possède actuellement 13 installations laitières ou fromagères, dont 8 subventionnées par le budget de l'Administration des Eaux et Forêts. Une de ces fruitières, celle de Calmill, sur la commune de Ganac, appartient à l'État; 5 appartiennent à des sociétés et 7 à des particuliers.

Dans les départements des Basses-Pyrénées, Hautes-Pyrénées et le Gers, on ne compte encore que 4 établissements, dont 2 subventionnés, appartenant à des associations, et 2 fruitières libres, exploitées par des particuliers.

Enfin, les départements de l'Aude et des Pyrénées-Orientales ne renferment aucune installation. Un essai fait dans les vacants domaniaux de Barrès n'a pas réussi.

On voit que l'idée des fruitières germe et progresse peu à peu, en même temps que les montagnards commencent à diriger leurs efforts vers l'amélioration des prairies et l'irrigation.

[1] M. Campardon, rapport présenté à la Commission des améliorations agricoles et forestières. — 1897.

Un assez grand nombre de communes possèdent des règlements de pâturage, mais ils sont généralement incomplets, ne se préoccupent pas de la *possibilité* du pâturage et ne sont même pas appliqués, *les municipalités manquant de l'autorité nécessaire*[1].

Il convient de signaler encore, à propos de cette région, l'heureuse initiative prise par certains conseils généraux, celui de l'Ariège notamment, en votant quelques crédits pour les améliorations pastorales. L'État a participé lui-même à ces améliorations dans les vacants domaniaux où des communes exercent des droits d'usage.

M. Dussaut a donné le tableau des améliorations pastorales exécutées dans les vacants domaniaux et communaux de l'inspection de Foix-Est de 1890 à 1897 inclusivement.

Les travaux exécutés comprennent, savoir :

DÉSIGNATION DES TRAVAUX.	QUANTITÉS.	DÉPENSES.	
	mètres.	fr.	c.
Ouverture de rigoles d'irrigation et d'assainissement....	32,000	6,031	00
Entretien de rigoles d'irrigation et d'assainissement....	18,801	1,721	00
Débroussaillements et écobuages à feu courant (mèt. car.).	46,000	6,628	25
Construction de refuges-abris pour les pâtres et bestiaux.	"	1,777	50
Travaux divers, notamment : desséchement du lac de Bézines, construction de 3,813 mètres de chemins...	»	4,429	50
TOTAL............................		20,587	45

Sur cette somme, 5,968 francs ont été fournis par l'État; le surplus a été pris en charge par le département (8,935 francs) et par les communes ou les usagers sous forme de journées de prestations[2].

[1] M. Campardon. — Rapport déjà cité.

[2] E. Dussaut, *Remarques sur le problème de la restauration des montagnes.* (*Revue des eaux et forêts*, 1er mai 1898.)

Région du Plateau central. — Cette région a une très grande importance dans l'économie générale de la France. Du Plateau central rayonnent en tous sens les cours d'eau qui vont arroser les plaines de la Loire, de la Garonne et du Rhône. Constituée par des roches granitiques, trachytiques, basaltiques, formée de plateaux ou sommets aux pentes adoucies, soumise à des pluies assez fréquentes et régulières, cette région, dans son ensemble, quoique très peu boisée, a su résister assez bien jusqu'ici à la dénudation et à l'érosion. Il faut en excepter cependant les contours du plateau et quelques-unes de ses vallées intérieures qui présentent assez fréquemment des pentes rapides, sèches, dénudées et parfois ravinées.

Les pâturages du Plateau central se distinguent en *montagnes à graisse, montagnes à lait et montagnes à moutons*, suivant les divers modes d'exploitation adoptés. Les premières servent à l'élevage et à l'engraissement des belles races bovines de Salers, d'Aubrac et du Limousin. Les secondes sont mises en valeur par une industrie laitière encore très primitivement installée et outillée qui, dans les *burons*, fabrique des fromages de pays appelés *fourmes*, se vendant à raison de 1 franc à 1 fr. 25 le kilogramme.

Dans le département du Cantal, ces installations primitives sont très nombreuses. Un établissement plus perfectionné, dénommé École de laiterie et de fromagerie de Cuelhes, y a été fondé par la Société d'agriculture. Il est subventionné par l'État.

Le département du Puy-de-Dôme possède 33 installations particulières de quelque importance, dont 4 laiteries. Outre leur fabrication, la plupart des fabricants vendent les fromages qu'ils achètent aux petits propriétaires de leur région.

Dans les montagnes du Forez, on trouve des groupes de chalets ou burons que l'on appelle des *jasseries*. Chaque chalet comprend une cuisine pour la fabrication des fromages (fromages de Roche, fromages d'Ambert ou fourmes de Pierre-sur-Haute), et une étable abondamment pourvue d'eau, qui sert à rafraîchir les laitages

renfermés en des pots de grès, disposés dans l'étable même, puis
s'écoule par des rigoles, entraînant le purin et les engrais du bétail
dans les prés qui avoisinent les chalets. Une partie de ces prés sert
à donner, chaque jour, du fourrage vert au bétail; sur le surplus,
on récolte du foin qui est également consommé sur place. Ces
prés, constamment arrosés par l'eau qui a lavé les étables, four-
nissent de très abondantes récoltes, d'excellents fourrages, sur des
étendues variant, pour chaque groupe de chalets, de 15 à 30 hectares. Mais les surfaces qui avoisinent immédiatement les chalets,
sursaturées par les engrais solides qu'y apportent les eaux, produisent, en très grande quantité, il est vrai, des fourrages verts de
médiocre qualité. Les engrais qui y sont ainsi accumulés exhaussent
le sol par des dépôts qui ont parfois plus de 1 mètre d'épaisseur.
Il y a là un regrettable gaspillage de matières azotées qui seraient
plus utilement employées à étendre les prés inférieurs aux dépens
de la lande ou même à améliorer celle-ci. Cette lande de bruyères,
qui s'étend à l'entour de ces oasis de prairies sur des surfaces de
100 à 200 hectares, ne contribue que dans une bien maigre mesure à l'alimentation du bétail des jasseries.

Dans le département de la Haute-Vienne, on ne compte encore
que 3 installations laitières, dont 2 fromageries et 1 beurrerie.
Les départements de la Creuse et de la Corrèze ne possèdent chacun qu'une installation.

Enfin, les montagnes les moins productives du Plateau central
sont exploitées par des moutons qui sont hivernés dans les vallées
ou sur les plateaux inférieurs.

On loue à raison de 20 à 25 francs le droit d'estiver dans une
bonne montagne une bête bovine. Celle-ci exige, pour s'alimenter
convenablement, une surface d'environ 130 ares. Pour un mouton,
le prix de location n'est que de 2 francs. Parfois même, on reçoit
les moutons gratis sur la lande, se contentant du profit donné par le
parcage, la nuit, sur les terres cultivées. D'après les renseignements
qui m'ont été fournis par un propriétaire très éclairé, une com-

mune du plateau de Millevache, en terrains primitifs, possède une
lande de bruyères de 1,100 hectares. Elle y estive 500 moutons.
Le bénéfice de l'usager est d'environ 7 francs par mouton, soit par
hectare, 3 fr. 50. Mais le mouton est loin de vivre de la bruyère
seule; il lui faut beaucoup de foin en hiver; au printemps et à l'automne, on le conduit dans les prairies; il faut évaluer à peine à un
quart de sa nourriture celle qu'il prend dans la bruyère. Le rendement serait donc à peine de 1 franc par hectare et par an.

En résumé et dans son ensemble, cette région du Plateau central est surtout caractérisée par le développement considérable des
landes de bruyères. D'après les derniers recensements, ces terrains
n'occuperaient pas moins de 1,200,000 hectares[1]. Ces landes se
sont formées peu à peu aux dépens des forêts qui couvraient certainement autrefois la surface de ces montagnes ou des pelouses
herbacées qui parfois leur avaient succédé. Celles-ci ne se sont
maintenues en parfait état que dans les parties les plus fertiles de
cet immense territoire et dans les pâturages irrigués ou convenablement entretenus par la *fumade*. Les pâturages ainsi parcourus
périodiquement par les parcs mobiles, où les bêtes bovines laissent
des fumures concentrées, sont, le plus souvent, des propriétés
particulières. Les pâquis communaux, contigus à ces belles pelouses,
forment avec elles un frappant contraste, et leur misérable production ne peut s'expliquer que par l'absence de tous travaux
d'entretien et surtout par le défaut de fumure. Les bêtes à laine
qui y trouvent une maigre nourriture vont, comme dans le Dévoluy (Hautes-Alpes), parquer la nuit, dans les terres particulières
voisines de la montagne, et le sol privé de chaux ne dispose même
plus des engrais ammoniacaux qui seraient nécessaires pour féconder
le terrain incomplet formé par la bruyère. Ici, comme dans les régions alpestres et pyrénéennes, la stérilité des pâturages communaux a pour conséquence l'invasion par les troupeaux et la dégra-

[1] F. Gebhart, *Pâturages et forêts*. Paris, 1890.

dation des taillis communaux, et quelquefois même des magnifiques boisements de pin que le département, aidé des subventions de l'État, a fait exécuter. Dans ce pays déjà si déboisé, certaines forêts menacent ruine et n'ont plus des ombrages suffisants pour défendre le sol contre l'invasion des fougères, genêts, bruyères. A leur tour, si on n'y prend garde, elles deviendront lande, tandis que sur la lande d'aujourd'hui, formée de touffes de plus en plus chétives et de plus en plus espacées, on verra s'étendre et se multiplier les dénudations et les érosions.

Cévennes. — Ce dernier terme de l'évolution destructive est arrivé pour le versant méridional des Cévennes qui, participant aux sécheresses et aux averses torrentielles de la région méditerranéenne et aussi aux dégâts de ses transhumants, est devenue, comme une partie de la région alpestre, la proie des torrents.

Région des causses. — Que dire de ces plateaux calcaires qui bordent le Plateau central, des plateaux pierreux du Berry, des causses de la Lozère, de l'Aveyron, du Lot [1], où l'herbe se distingue à peine entre les pierres, et où la population humaine, dans certaines communes, n'atteint pas 10 habitants par kilomètre carré. Ils reçoivent cependant l'ondée des pluies et les rayons du soleil, mais l'eau s'infiltre rapidement dans le sol, entraînant parfois les dernières particules de terre et d'engrais, et le soleil dessèche jusqu'à la racine les plantes privées d'abri. Comment ces plateaux en sont-ils venus à ce point d'aridité? Par l'usure lente et continue de la terre végétale. Là encore, on ne s'est guère soucié des restitutions nécessaires. Dans les bergeries où le troupeau se rassemble pendant la nuit, le crottin est balayé et vendu aux vignerons de la plaine et aux cultivateurs des vallées [2]. Quand les moutons ne sont pas trop éloignés des fermes, on les parque dans les champs en cul-

[1] Berthault, *Les prairies, pâturages, feuillards et ramilles.*
[2] Berthault, même ouvrage.

ture. Ici encore, la pâture nourrit le champ cultivé; mais quand la pâture sera devenue désert, que deviendra le champ cultivé?

Et cependant cette région des causses a vu se développer et arriver au plus haut degré de prospérité l'industrie des fromages bleus de Roquefort. Dans le département de l'Aveyron (arrondissements de Milhau, Rodez, Saint-Affrique), on compte 32 installations fromagères ou laitières, dont 6 appartiennent à des associations et les autres à des particuliers. Quelques-unes de ces installations sont fort importantes. Ainsi celles de Roquefort (Société des caves et producteurs réunis) reçoivent les produits de 46 laiteries des arrondissements de Milhau et de Saint-Affrique. La production annuelle de cette région de Roquefort se chiffre par 13 millions de francs obtenus avec 250,000 brebis laitières, chacune de celles-ci pouvant donner à son propriétaire un rendement brut (y compris le produit de la vente de la laine et de l'agneau) de 46 fr. 60 [1].

Dans l'arrondissement d'Espalion, il existe environ 200 *burons* où se fabrique le fromage de Laguiole et qui appartiennent à des particuliers. Le nombre des vaches dépendant de chaque buron varie de 25 à 150.

Le département de la Lozère possède deux installations subventionnées par l'État. L'une est l'École de laiterie de Marvejols, qui reçoit une subvention annuelle de 3,500 francs du Ministre de l'Agriculture et 1,000 francs du département.

Dans le département du Tarn, on compte 12 installations laitières ou fromagères appartenant toutes à des particuliers et n'ayant reçu aucune subvention de l'État. Sept de ces établissements fonctionnent depuis 6 à 14 ans et fabriquent le roquefort. Cinq installations toutes récentes produisent du beurre.

Le Lot ne possède aucune installation importante. Dans le canton de Gramat (arrondissement de Gourdon) et les cantons voisins, de

---

[1] F. Briot, ouvrage cité.

nombreux propriétaires, récoltant chacun de 2,000 à 10,000 litres de lait, fabriquent le fromage dit de *Rocamadour*.

Quel développement considérable pourrait prendre dans cette
région des causses l'industrie si prospère des fromages de Roquefort, si, par des améliorations pastorales patiemment poursuivies,
par une reconstitution progressive de la couche végétale, on par-
venait à remettre en valeur les immenses landes ou terrains incultes de cette région! Dans ces trois départements de l'Aveyron,
de la Lozère et du Lot, on ne compte pas moins de 485,396 hectares de landes, dont 65,463 sont communales.

Garrigues. — Dans les garrigues de l'Hérault et du Gard,
l'abri des rochers, le feuillage de chênes rabougris maintiennent,
çà et là, de maigres herbages qui permettent d'entretenir, pendant
l'hiver et le printemps, les bêtes ovines; mais dès le mois de juin,
les herbes sont desséchées et les troupeaux vont dévorer la montagne [1].

Côte-d'Or. — Bien des plateaux et versants de la Côte-d'Or ne
sont plus aussi que des landes pierreuses. La couche végétale en a
presque disparu. On ne semble pas se douter que les vignobles et
les cultures qui sont là, au pied des versants, subissent peu à peu
l'influence de cette stérilité. Les eaux qui sourdent ou ruissellent
de la côte aride sont moins abondantes pendant l'été et n'entraînent
plus les azotates fertilisants.

Jura. — Dans le Jura, tout est disposé pour une végétation
luxuriante de gazons et de bois. Les pentes douces des montagnes
qui s'élèvent en larges gradins parallèles, les pluies d'été extrêmement fréquentes sur un sol filtrant, mais rendu souvent frais et
fertile par les marnes de l'Oolithe supérieur et du Néocomien, tout

[1] Berthault, ouvrage cité.

concourt à développer au plus haut degré l'action végétale. Aussi bien la haute montagne possède les plus belles et les plus riches sapinières de l'Europe. Une industrie laitière puissante et prospère s'est développée, produisant annuellement, dans les trois départements du Doubs, du Jura et de l'Ain, une valeur d'environ 27 millions de francs en fromages de Gruyère, fromages divers et beurres [1].

Elle utilise les herbages des prairies qui tapissent le fond des vallées, occupant presque tout le territoire agricole. Des pâturages communaux étendus viennent en aide à cette exploitation du sol dirigée presque exclusivement, comme il devrait en être ainsi dans la plupart de nos régions montagneuses, vers la production du lait et de la viande. Mais, dois-je le dire, ces pâturages qui devraient être soignés, avec reconnaissance et amour, par des communes qui tirent de leurs forêts des revenus très importants, ne reçoivent aucuns soins d'entretien. Ici, des pierres éparses couvrent le sol; là, les taupinières se multiplient, favorisant l'invasion des mauvaises espèces végétales, genêts, gentiane, etc., qui finissent par couvrir la surface presque entière; là, les buissons d'aubépines, de coudriers, s'étendent aux dépens des parties les plus fertiles de la pâture; à la faveur de ces buissons, des bouquets de bois s'installent, çà et là, au hasard des graines que le vent apporte de la forêt voisine. Ils pourraient jouer un rôle bienfaisant et accroître grandement les profits de la pâture, étant bien répartis, soignés et exploités à un âge convenable; or, la commune propriétaire n'intervient guère que pour les réaliser, quelle que soit leur situation, souvent même avant qu'ils aient atteint une valeur marchande.

Dans le Jura méridional et sur les chaînes occidentales qui se relient aux bassins de l'Ain et de la Saône, le mal est plus grand. Bien des versants et plateaux sont presque complètement dénudés

[1] Statistique agricole de 1892.

4.

ou stérilisés par les genêts, buis, genévriers, coudriers, etc. Le
cultivateur des vallées et des plaines voisines regarde avec indifférence ces côtes arides. Tout voisin qu'il est des riches communes
de la haute montagne, et tout entier à son labeur de plus en plus
pénible et de moins en moins fructueux, en raison de la main-
d'œuvre de plus en plus rare et chère, il ne semble pas se douter
des profits que la végétation forestière et pastorale peut donner
presque sans effort, et il oublie que la population d'une région est
intimement liée à l'ensemble de ses moyens d'existence et, par suite,
à l'importance des richesses naturelles du sol.

Vosges. — Les montagnes vosgiennes sont remarquables par
le développement de la culture forestière et par l'utilisation agricole que l'on a su faire des eaux abondantes qui ruissellent sur un
sol imperméable formé de granit ou de grès. Les forêts occupent
42 p. 100 et les prairies 20 p. 100 de la superficie territoriale du
département des Vosges.

Ces prairies assurent la prospérité d'une industrie laitière qui
fabrique annuellement des produits laitiers pour une valeur de
8,500,000 francs. Ainsi il reste peu de place pour la pâture libre [1].
Elle s'est cantonnée sur les hauts sommets des Vosges, « les chaumes »,
et sur toutes les parties à peu près impropres à la création de prairies.
Là comme dans les autres régions montagneuses, ces pâtures ne
recevant aucuns soins sont le plus souvent envahies par les espèces
végétales médiocres, telles que le nard raide [2], ou même par les
espèces franchement nuisibles : la bruyère, les airelles.

Conséquences hydrologiques. — Dans la plupart de ces
régions montagneuses, on a pu observer, comme dans la région
alpestre, la corrélation qui existe entre le régime des cours d'eau et

---

[1] Elle ne comprend que 18,879 hectares. (Statistique agricole de 1892).

[2] Amédée Boitel, *Herbages et prairies
naturelles.* Paris, 1887.

la dégradation du sol des montagnes. Un grand nombre de ruisseaux et de rivières dans les Pyrénées, les Cévennes, dans certaines
parties des autres régions montagneuses sont devenus de véritables
torrents, se desséchant une partie de l'année et donnant, au moment
des crues, des volumes considérables d'eau chargée de matières. Nos
grands fleuves, le Rhône, la Garonne, la Loire [1], participent de
cette irrégularité. Ils s'ensablent, deviennent de jour en jour plus
impropres à la navigation et les dégâts causés par les inondations
se multiplient et s'aggravent, entraînant pour leur réparation des
dépenses considérables [2].

Conséquences économiques. — Les conséquences de l'épuisement du sol végétal, dans certaines parties de ces régions montagneuses, ne sont pas moins sensibles et dignes de remarque.
Comme dans les Alpes, mais à des degrés divers, elles se dépeuplent,
essaiment chaque année dans les pays étrangers, et surtout dans
nos villes, le trop-plein d'une population qu'elles ne peuvent plus
nourrir. Les populations des vallées et des régions de coteaux en-
vironnants voient leurs échanges commerciaux se réduire avec les
habitants de la zone élevée. Leurs cultures et vignobles perdent des
débouchés, en même temps qu'elles souffrent, dans leur production,
d'une stérilisation qui les gagne. Ainsi l'appauvrissement se propage,
s'étendant peu à peu aux régions sub-montanes, et de plus en plus
s'accentue ce mouvement de déplacement des populations vers les
grandes plaines et surtout vers les centres urbains, où les grands

[1] Le régime de la Loire, devenu si
défavorable à la navigation, depuis longtemps préoccupe l'opinion publique. On
connaît les projets de M. Audiffred, dé-
puté, tendant au reboisement de vastes
surfaces dans le bassin supérieur de ce
fleuve. (Broïlliard, *Les reboisements de la
Loire*, dans la *Revue des eaux et forêts*,
février-avril 1898.)

[2] Les inondations de la Loire, en
1856, ont emporté des routes et des
ouvrages de défense pour une valeur de
172 millions de francs. Dans la même
année, les dégâts furent à peine moindres
pour la vallée du Rhône. (E. Reclus, *Les
phénomènes terrestres.*)

travaux industriels, le commerce, le développement de la richesse
et du luxe, les dépenses consacrées aux plaisirs et aux fêtes, attirent
la main-d'œuvre. De plus en plus la montagne devient le pôle ré-
vulsif, la cité, le pôle attractif qui, là vont créer la solitude, et ici
l'entassement humain.

DEUXIÈME PARTIE.

LES AMÉLIORATIONS PASTORALES.

Dans la première partie de cette notice, j'ai fait connaître la situation actuelle de notre région alpestre et, dans un plus rapide aperçu, montré que, sans être aussi grave dans la plupart de nos autres régions montagneuses, elle n'en est pas moins inquiétante encore et digne d'attention; j'ai fait ressortir, d'autre part, les conséquences désastreuses qu'a produites déjà cette exploitation primitive du sol qui consiste à le livrer en pâture aux troupeaux, jusqu'à destruction complète de toute végétation. La ruine des montagnes s'étend aux cultures des vallées, aux plaines inférieures. L'histoire du passé et les vastes déserts ou steppes improductives, qu'a formés sur les continents asiatique et africain la pâture nomade, montrent qu'elle s'étend aussi aux cités, aux nations, aux civilisations elles-mêmes, qui n'ont pas su comprendre le rôle bienfaisant des pelouses et des bois et *aménager* des richesses naturelles susceptibles, ainsi, de se reproduire éternellement d'elles-mêmes. Il faut savoir profiter des leçons du présent et de l'expérience du passé, abandonner résolument, comme on l'a fait déjà dans les régions pastorales les plus avancées, des pratiques primitives qui ne se sont que trop longtemps perpétuées à travers les âges.

Les améliorations dont l'exploitation pastorale est susceptible peuvent se diviser en trois classes correspondant à trois ordres d'idées distinctes.

CHAPITRE PREMIER.

1 ͬᵉ CLASSE. —— MESURES DE PROTECTION CONTRE LES CAUSES NATURELLES
DE DÉGRADATION.

**Murs de retenue. — Barrages rustiques. — Clayon-
nages. — Embroussaillement des ravins. — Drainages
de consolidation.** — Il faut, avant tout, assurer, protéger
le pâturage contre les causes naturelles de dégradation, contre
l'invasion des pierres roulantes entraînées par l'avalanche ou
les violentes averses de l'été, ou rendues mobiles par le piétinement des troupeaux, contre le ravinement et les érosions que
produit le ruissellement des eaux à la surface, contre les éboulements et glissements de terrain provoqués par les infiltrations
souterraines, etc.

De petits murs en pierre sèche, des enrochements, des barrages
rustiques ou clayonnages dans les couloirs ou ravins, des plantations
d'aunes, saules et autres essences pour en fixer le lit et les berges,
des drainages et rigoles collectrices pour réduire les eaux d'infiltration, etc., tels sont les travaux indiqués. On voit qu'ils sont
identiques à ceux qui s'exécutent dans les périmètres de restauration. Seulement ils seront en général plus faciles et moins coûteux,
parce qu'ils s'appliqueront aux dernières ramifications des torrents
et à des terrains qui ne sont, le plus souvent, pas complètement
en ruine.

Quoi qu'il en soit, ces travaux, dans certaines régions montagneuses et notamment dans celles des Alpes et des Pyrénées, seraient
trop importants encore pour que les communes puissent les entre-
prendre à l'aide de leurs seules ressources. Il serait assurément
injuste de vouloir les leur imposer et de rendre ainsi la génération

actuelle responsable des dégâts commis par les vingt générations qui l'ont précédée.

Il semble donc que l'État doive prendre à sa charge la plus grande part de ces travaux et les considérer comme étant d'utilité publique, au même titre que ceux qu'il exécute dans les périmètres de restauration obligatoire.

Rideaux ou bandes boisées. — Bouquets d'arbres. — Les ravinements et érosions ne se produisent guère que sur les pentes rapides qui ont été, au moins partiellement, dégazonnées. Si l'on en trouve parfois sur des plateaux ou versants de faible inclinaison et dont la pelouse est bien conservée, c'est qu'ils sont le prolongement des ravines ou couloirs formés sur les pentes supérieures, dégradées, ou le résultat d'éboulements ou glissements provoqués par la dénudation et l'affouillement des pentes inférieures. Il est donc indispensable, si l'on veut conserver les parties planes des pâturages, les protéger contre le ravinement et l'érosion, de rétablir, autant qu'il est possible, la végétation sur toutes les pentes rapides qui entourent le plateau soit à l'amont, soit à l'aval. Le meilleur moyen d'obtenir un résultat complet et durable sera d'établir, toutes les fois que les conditions de sol et d'altitude le permettront, des rideaux ou bandes boisées qui s'opposeront au ruissellement superficiel des eaux ou à leur concentration, briseront les avalanches, qui enfin, en retenant à la surface, dans la couche spongieuse formée par les débris de leur végétation, une partie des eaux de pluie ou de neige, diminueront l'importance des nappes d'infiltration.

Effets de ces boisements partiels sur le gazonnement des pentes. — Ces boisements partiels seront aussi l'un des meilleurs remèdes à opposer à la dénudation des versants. L'eau qui ruisselle sur les pentes entraîne les engrais laissés par le bétail et la terre végétale découverte par la dent ou le pied des animaux.

Il arrive ainsi fatalement que la surface gazonnée se stérilise de plus en plus, que les restitutions végétales produites par la décomposition des herbes et de leurs racines diminuent progressivement. Ces effets sont d'autant plus marqués et d'autant plus rapides que le pâturage est plus surchargé, plus fréquemment parcouru, et que, en raison des conditions de sol, de climat, d'orientation et d'inclinaison des terrains, les formations d'humus par la végétation sont moins abondantes ou moins rapides. C'est ainsi que les dénudations se produisent surtout dans le voisinage des agglomérations rurales, sur les pentes les plus rapides, les plus chaudes, les plus sèches, les plus infertiles. Or, à défaut de fumures, qui seraient le plus souvent trop coûteuses et inefficaces dans des conditions semblables, le meilleur moyen de remédier à ces causes de dégazonnement et de dénudation, c'est la création de bouquets de bois. Ils diminueront le ruissellement, tempéreront par leurs ombrages les radiations solaires, maintiendront l'humidité du sol en réduisant l'évaporation et favorisant les dépôts de rosée; enfin, soutirant à l'atmosphère et aux couches profondes du sol les éléments de leur végétation et les restituant autour d'eux avec leurs défoliaisons annuelles, décomposées et devenues assimilables par l'action des microorganismes et de la nitrification, ils peuvent incessamment réparer les pertes d'humus de la couche végétale et ainsi assurer la conservation naturelle des gazons.

Ces boisements partiels qui peuvent être faits, soit sous la forme de bouquets occupant les parties les plus infertiles de ces pâturages, soit sous la forme de bandes ou de rideaux dirigés perpendiculairement aux lignes de plus grande pente et alternant avec d'autres bandes maintenues à l'état de gazons, doivent occuper, sur les versants, des surfaces d'autant plus étendues que le sol est plus en pente, plus dégradé, plus infertile, moins pourvu d'humidité; que le climat est plus chaud et l'altitude plus basse. Ainsi, ils seront plus importants aux expositions Sud, Sud-Est, Sud-Ouest, Est même, qu'aux expositions contraires.

Les essences varieront avec les stations. On emploiera le plus souvent des essences résineuses, qui peuvent seules réussir dans les terrains pauvres d'humus ou même complètement dénudés. Mais, plus tard, on ne craindra pas de favoriser, dans ces petits massifs, l'introduction d'essences feuillues dont les feuillages se décomposent plus facilement et forment un terreau doux, plus favorable à la végétation herbacée.

Ces boisements doivent être, au moins temporairement, protégés contre les incursions du bétail par des clôtures faites aussi économiquement que possible, avec les éléments dont on pourra disposer : petits murs en pierre sèche, fossés, barrières en bois, barrières formées de piquets et fils de fer ou ronce artificielle. Ce dernier mode de clôture est un de ceux qui sont le plus susceptibles d'être employés avantageusement. On a pu voir, dans un article de la *Revue des eaux et forêts* [1] paru récemment, que ces clôtures reviennent à un prix peu élevé, surtout quand la surface enclose est assez étendue. Il faut noter encore qu'elles peuvent se déplacer assez facilement et ainsi être utilisés pour plusieurs enclos successifs.

Il arrive assez souvent que dans ces terrains en pente le sol est occupé partiellement par des espèces buissonnantes. Elles doivent être précieusement conservées dans toutes les parties qui doivent former l'emplacement des bosquets ou bandes boisées. Elles donneront de l'abri aux plantations pendant leurs premières années et disparaîtront ensuite progressivement, soit par les dégagements reconnus nécessaires, soit par le couvert même des arbres de la jeune forêt créée. Au contraire, dans les parties les plus planes et les plus fertiles qui seront maintenues à l'état de pâturage, il conviendra de faire disparaître peu à peu les broussailles improductives dès que leur influence, utile en ce qui concerne l'ombrage et la formation de terreau, se trouvera avantageusement remplacée

[1] D' Fankhauser, *La ronce artificielle.* (*Revue des eaux et forêts*, 1er juin 1899.)

par celle de nos bouquets d'arbres. Et ainsi, si l'on excepte les
escarpements et éboulis impropres à la végétation de nos grandes
espèces ligneuses, et où les broussailles seront vraiment à leur place,
le sol sur toute sa surface sera en valeur de bois ou de gazon, en
même temps qu'il sera soustrait aux dangers du ravinement et de
l'érosion.

CHAPITRE II.

2ᵉ CLASSE. —— MESURES CONCERNANT L'ORGANISATION ET L'OUTILLAGE
DE LA PÂTURE. .

Une pâture ne saurait donner grands profits ni s'entretenir en
bon état si elle n'a pas une organisation et un outillage bien adaptés
à sa destination.

Chemins et sentiers d'accès et de circulation. —— Il
convient d'établir des chemins ou sentiers d'accès pour permettre
au bétail d'arriver facilement et sans fatigue à la pâture; pour y
transporter les approvisionnements nécessaires aux bergers, le sel
pour les animaux, les outils et engrais complémentaires qui
peuvent être jugés utiles, etc. Une bonne viabilité d'accès est
particulièrement nécessaire aux pâturages de vaches assez rappro-
chés des villages ou chalets (comme cela arrive fréquemment en
Franche-Comté) pour que le bétail revienne à l'étable pour la nuit
et pour le moment de la *traite*. Les voyages répétés de l'étable au
pâturage et du pâturage à l'étable sont, pour lui, la cause de
grandes fatigues par des chemins *montants, malaisés, et de tous côtés
au soleil exposés*. Or, toute fatigue entraîne, pour le bétail, accroissement des consommations fourragères et déperdition de graisse ou
de lait. Les drayes ou passages, habituellement suivis par le bétail,
là où il n'y a pas de chemin, sont en outre très dénudés et dégradés,
et ces dégradations s'étendent et s'aggravent chaque jour. Quelques
chemins ou sentiers sont également utiles et parfois indispensables
pour faciliter la circulation du bétail d'une partie du pâturage à
une autre, —— pour rendre plus commode et moins onéreux le
transport et l'épandage des engrais, etc.

Abreuvoirs. — Citernes. — Des abreuvoirs peu éloignés les uns des autres et capables de fournir au bétail de l'eau propre, saine, à une température convenable, doivent être établis. Pour les bêtes aumailles, c'est une question capitale. Or, on laisse trop souvent le bétail s'abreuver dans des mares à l'eau chaude et croupissante, incessamment polluée par les déjections des animaux, ou dans des ruisseaux dont l'eau est glacée. — Dans les pâtures particulières du Jura, qui, en raison de l'extrême perméabilité du sol, ne renferment généralement aucune source, on établit de grandes citernes en bois faites sur place, par des ouvriers spéciaux, avec d'épaisses douves d'épicéa; elles sont construites parfois en maçonnerie cimentée et mesurent 6 à 10 mètres de diamètre sur 4 à 5 mètres de profondeur; elles sont remplies avec l'eau provenant de la fonte des neiges ou des pluies, et recueillie le plus souvent sur une large toiture faite en planches ou en *bardeaux* d'épicéa qui recouvre l'emplacement de la citerne. Des citernes semblables existent aussi dans les pâtures communales. On peut même dire d'une façon générale que c'est la seule amélioration faite par les communes du Jura dans leurs pâturages; et encore convient-il d'ajouter que l'entretien de ces citernes est souvent négligé. — Des troncs de sapin évidés et parfois des bassins en tôle galvanisée reçoivent l'eau puisée dans les citernes avec une pompe ou un puisard à main et complètent l'installation de ces abreuvoirs, qui entraînent une dépense de 1,000 à 3,000 francs.

Si l'on est dans le voisinage d'une source, d'un ruisseau ou d'une petite nappe d'eau, il sera presque toujours utile d'établir une petite dérivation, soit superficielle, soit souterraine, et d'amener l'eau dans un bassin où l'abreuvage pourra se faire dans de bonnes conditions.

Baraques-abri pour le pâtre. — On est vraiment surpris, dans un siècle qui prétend, à bon droit d'ailleurs, s'intéresser à tous les progrès sociaux, de visiter les baraques — véritables tanières — où, couché sur une paille infecte, ou sur des peaux de mouton ou de chèvre, le gardien des troupeaux alpestres ou pyrénéens s'abrite pendant la nuit. C'est là, certainement, l'une des causes du ravalement de la condition du pâtre commun. Il est souvent l'homme le plus inintelligent ou le plus besogneux du hameau qui lui confie son bétail. Cette fonction, qui, bien exercée, rendrait d'importants services et contribuerait beaucoup au bon entretien des pâturages et du bétail, est d'ailleurs donnée le plus souvent *au rabais*. Quoi qu'il en soit, et en se plaçant au seul point de vue humain, il conviendrait de donner aux pâtres des gîtes moins primitifs.

Ces gîtes doivent être, d'autre part, assez multipliés pour que le pâtre ne ramène pas son bétail pâturer tous les soirs aux mêmes endroits. Peut-être, dans ce but, aurait-on avantage à adopter des types de baraques en bois très facilement démontables et transportables.

Dans les Pyrénées ariégeoises, sur les *hauts-vacants* communaux d'Ax, de Prades et d'Albiès, le service forestier a fait construire en 1897 trois cabanes-abris pour servir de refuge aux pâtres et aux bêtes malades ou victimes d'accidents. Trois autres refuges ont dû être construits en 1898 dans les vacants communaux d'Appi, Mérens et Montaillon. On a adopté pour ces constructions, d'accord avec les municipalités et le conseil général du département, un type dont le devis s'élève à 800 francs. Dans la pensée de l'agent forestier qui a eu l'initiative de ces travaux, ces refuges « jalonneront les fruitières syndicales que réserve un avenir peut-être prochain [1] ».

Étables-abris. — Des étables-abris sont souvent utiles aussi et même indispensables pour le bétail. Elles permettent de le protéger contre les nuits froides, les mauvais temps, les chutes de

[1] E. Dussaut, *Remarques sur la restauration des montagnes.* (*Revue des eaux et forêts*, 1er mai 1898.)

grêle ou de neige, de soigner les bêtes malades, etc. Elles permettent de recueillir les déjections du bétail et de les répandre,
soit au moyen de rigoles d'irrigation qui viennent traverser les
étables-abris, soit par transports directs. Avec beaucoup de raison,
M. Briot a dit[1] : « La création de chalets ou au moins d'étables est
le fondement de toute amélioration culturale dans un pâturage de
quelque importance. »

Fruitières de montagne. — Lorsque le pâturage peut être
exploité par des vaches laitières et qu'il est trop éloigné des chalets
des habitants, à l'étable-abri doit s'annexer une fruitière munie de
tous les appareils nécessaires à la fabrication du fromage et du
beurre. Il y aurait même parfois grand avantage, pour les propriétaires de ces petits chalets de montagne, où chaque famille
manipule son lait, de s'associer pour la création d'un grand établissement renfermant étables et fruitières, où le bétail serait soigné
et le lait manipulé *en commun;* il en résulterait certainement pour
toutes les familles de grandes économies de temps et des profits
plus élevés. Ici encore, le développement de l'esprit d'association
est une des formules du progrès.

Chalets de Suisse, Franche-Comté et Savoie. — C'est
dans les pâturages élevés de Franche-Comté, de Suisse et de Savoie
appartenant à des particuliers ou à des associations que l'on rencontre les installations d'étables-abris et de fruitières de montagnes
les plus complètes et les plus multipliées. M. Briot, dans son rapport à la Société centrale d'agriculture de Savoie sur le Congrès
international de Lauzanne (1898), a signalé les deux magnifiques
chalets établis dans les pâturages de Montreux (Suisse) et que l'on
voit depuis les rochers de Naye :

Le chalet de *Pacoresse*, à l'altitude de 1,240 mètres, comprend

[1] F. Briot, *Étude sur l'économie alpestre*, Paris, 1896.

non.seulement *étable et fromagerie*, mais encore les greniers *néces-saires à la réserve d'une forte provision de foin pour les temps de neige*, réserve prescrite par les règlements cantonaux et contrôlée par un fonc-tionnaire préposé à la visite des alpages ; à côté de l'écurie, un local servant d'infirmerie, ordonnée également par les mêmes règlements.

Le chalet de *Plagniaz*, situé à l'altitude de 1,400 mètres, com-prend une *fromagerie et une écurie pour 60 vaches, munie de fosses à purin*. L'eau nécessaire au chalet est montée d'un niveau inférieur de 50 à 60 mètres au moyen d'un bélier hydraulique. Ce chalet a été construit d'après un plan approuvé par les autorités fédérales. La société qui l'a établi a reçu du canton de Vaux une subvention égale au 20 p. 100 de la dépense, et de la Confédération une autre subvention de 40 p. 100.

Ces quelques indications suffisent à montrer l'intérêt que l'on prend en Suisse à cette grave question de l'organisation et de l'outillage du pâturage.

Burons d'Auvergne. — A défaut de ces installations si per-fectionnées, il faut avoir au moins, comme dans les pâturages les mieux tenus de l'Auvergne (pour la plupart particuliers), le buron, petite construction en maçonnerie d'une valeur de 1,500 francs à 3,000 francs, qui est formée de deux compartiments, l'un servant de logement au pâtre, et l'autre d'écurie pour les bêtes malades et de remise pour les claies des *parcs mobiles*. Celles-ci sont complé-tées par des brise-vent, parois formées de planches grossières et qui servent à abriter le bétail contre le vent froid de la nuit. On a vu que le buron, dans certaines régions de l'Auvergne-(le Forez, le Cantal, etc.), est un véritable chalet, renfermant une étable pour le bétail, une cuisine pour la fabrication des *fourmes* ou fromages du pays, parfois même une petite laiterie et des caves.

Je résume ce qui précède en disant : « De même qu'une forêt de quelque importance, pour être bien gérée, bien surveillée et bien exploitée, doit être pourvue d'une maison forestière, de bons gardes

et parfois d'une scierie, de même aussi il faut à la pâture la
maison pastorale, le bon pâtre et souvent aussi l'étable-fromagerie.

Irrigations. — A l'organisation générale de la pâture se rattachent les travaux d'ensemble qui peuvent être exécutés en vue
d'une bonne utilisation des eaux de la montagne. Ces eaux sont
généralement fort mal réparties. Ici le terrain se dessèche et
devient presque improductif dès les premières chaleurs de l'été ;
là au contraire les eaux surabondent, s'écoulent inutilement dans
les ravins ou développent dans les bas-fonds des herbes de marais,
laîches, carex, bruyères, etc., à peu près inutiles au bétail. Il est
à remarquer que *cette inégalité de répartition des eaux va en s'ac-
centuant dans les montagnes qui se dégradent.* Les eaux des versants
dénudés s'écoulent plus rapidement, soit par ruissellement à leur
surface ou dans les ravins qui les sillonnent, soit par infiltration.
Plus rapidement aussi et souvent en plus grande abondance, les
eaux s'accumulent dans les bas-fonds et les rendent de plus en plus
marécageux et improductifs.

On peut corriger parfois, assez facilement et sans grande dépense, cette inégalité dans la répartition des eaux de la montagne,
si défavorable à l'abondance ou à la qualité des herbages, par des
travaux d'irrigation et de drainage. Il ne s'agit pas ici évidemment
de creuser des canaux d'irrigation semblables à ceux qui servent
à fertiliser les prairies, débitant un volume d'eau important et
humectant profondément le sol. Ces abondantes irrigations seraient
le plus souvent inutiles et même préjudiciables et dangereuses,
lixiviant le sol, entraînant les engrais et l'humus et parfois provoquant des éboulements, glissements, érosions. Il s'agit simplement de rigoles minuscules faites parfois à la hache et non à la
pioche, humectant très légèrement les surfaces gazonnées et se
limitant aux plateaux ou terrains peu déclives. Les sources des
stations élevées ont quelquefois une eau trop froide pour produire
sur le développement de l'herbe un effet utile. Il faut, dans ce cas,

soit établir des bassins de faible profondeur pour provoquer l'échauffement du liquide, soit ne l'utiliser qu'après un parcours suffisamment long: Les lacs des montagnes, souvent peu profonds, ne présentent pas cet inconvénient dans les jours chauds de l'été. On reconnaît leur température plus élevée aux touffes d'herbes vigoureuses qui se développent sur leurs bords, tandis qu'au contraire les alentours des sources glacées et les bords des ruisseaux qui en découlent sont, jusqu'à une certaine distance, complètement privés de végétation.

Une précaution très importante à conseiller à propos de ces irrigations est d'établir leurs prises de telle sorte que l'eau ne puisse jamais pénétrer dans les rigoles en dehors des périodes choisies pour l'arrosage; c'est encore de ne jamais amener le bétail sur les parties où l'arrosage se pratique et dans le moment où le terrain humecté risquerait d'être défoncé par le pied des animaux.

Les rigoles d'irrigation peuvent être faites plus importantes sur les plateaux étendus et dans les grandes landes de bruyères, dont elles contribuent à provoquer la disparition.

Drainages. — Ce n'est qu'aux altitudes peu élevées, dans des pâturages peu éloignés des routes ou chemins de fer que l'on peut songer, pour mettre en valeur les cuvettes marécageuses, à établir des réseaux complets de drainages, avec *drains* et suivant toutes les règles de l'art. Dans la haute montagne, il ne s'agira le plus souvent que de pratiquer de petites tranchées peu profondes que l'on garnira de pierres et qui suffiront à abaisser suffisamment le plan d'eau pour assurer la disparition des mauvaises espèces végétales. On devra prendre soin que l'eau surabondante, non susceptible d'être utilisée pour l'irrigation de terrains inférieurs, se déverse dans des ruisseaux ou ravins où elle ne puisse causer aucun dégât. Ces drainages de terrains communaux marécageux peuvent, dans certains cas et dans une certaine mesure, contribuer à la régularisation du régime d'un cours d'eau. En assurant en effet

5.

une épuration continue, *ils accroissent le pouvoir absorbant du sol au moment des pluies.*

Abris boisés. — *Leurs avantages.* — Enfin à l'organisation générale du pâturage se rattachent les plantations forestières qui peuvent être faites par bouquets ou bordures, non plus en vue d'assurer la réparation ou la consolidation de la montagne, mais en vue de créer des abris pour le bétail contre le vent ou le soleil, de protéger le sol contre le dessèchement et de l'enrichir par leurs formations d'humus. On a contesté parfois l'utilité des bouquets épars et des bordures boisées à l'entour des prairies et pelouses pastorales. On observe que sous le couvert de leurs arbres et dans un certain rayon autour d'eux l'herbe se raréfie, que les bonnes espèces végétales disparaissent et sont remplacées par des mousses, bruyères. Mais il se produit une large compensation en dehors de cette zone par des conditions plus favorables offertes à une végétation active des herbages qui profitent de l'abri, de la fraîcheur plus grande, de dépôts de rosée plus abondants et plus persistants, etc. On corrige bien facilement d'ailleurs les effets du couvert en soumettant les arbres feuillus choisis pour les bordures à la forme en têtard et en rabattant les branches inférieures les plus étalées des résineux. Quant à la zone stérilisée par l'accumulation de feuilles mortes ou aiguilles résineuses qui forment un terrain acide, incomplet, favorable seulement au développement des mousses et des bruyères, il est très facile même d'en tirer un excellent profit. On y défriche le terrain tous les 5 à 10 ans, assemblant avec soin tous les déchets végétaux, brûlant les parties ligneuses et épandant les cendres, entassant, d'autre part, les parties foliacées avec un peu de fumier et de chaux. On obtient de la sorte des composts excellents pour entretenir la fertilité du pâturage. C'est ainsi d'ailleurs que l'on prépare « les tombes » en Normandie et en Bretagne, et l'on sait que cette pratique contribue beaucoup à la fécondité de leurs pâturages.

Leur répartition fixe ou mobile. — Les bouquets de bois établis dans le pâturage doivent naturellement occuper les parties les plus infertiles, les crêtes, mamelons, affleurements rocheux, talus d'éboulis, etc. Ce n'est qu'exceptionnellement, pour couper de trop grandes étendues, briser le vent, donner des ombrages indispensables, que l'on pourra en établir sur des surfaces aptes à la production de bons gazons; dans ce cas, il serait bon d'appliquer une idée qui a été exprimée par M. Biollay, inspecteur des forêts à Couvet (Suisse), et qui est relatée également dans l'ouvrage de M. Mathey [1]. Elle consisterait à déplacer périodiquement l'emplacement des bouquets et bordures boisées après leur exploitation, à faire profiter ainsi la pâture proprement dite des herbages extrêmement abondants qui se produiront sur la partie défrichée, enrichie par les accumulations d'humus, et à refaire des plantations sur une autre partie du pâturage. Cette alternance sylvo-pastorale, un peu analogue à celle qui est appliquée dans certains pays (Sologne, Ardennes, Champagne), entre la culture et le bois, donnerait certainement d'excellents résultats, surtout si elle était réglée par un *plan d'aménagement* bien étudié d'avance.

Pâturage boisé. — C'est à cette forme du pâturage boisé qu'appartiennent dans le Jura et dans les Alpes la plupart des pâturages communaux les mieux conservés et les plus productifs. Ils donneraient de bien meilleurs résultats encore, s'ils étaient soignés et entretenus, si l'on avait soin d'améliorer la répartition des herbages et des bois et de donner aux uns et aux autres les soins nécessaires : à ceux-là des engrais de composts, si faciles à faire là où il y a d'abondantes productions végétales, à ceux-ci les clôtures artificielles ou bordures vivantes d'arbrisseaux qui souvent leur font défaut. Je convie le lecteur à relire le chapitre du *traitement des bois en France* concernant les prés-bois. Il y verra que mon éminent

[1] *Le pâturage en forêt*. Besançon, 1900.

maître, M. Broilliard, a bien voulu appuyer de sa haute autorité et de sa grande expérience des idées sur l'extension des prés-bois ou mieux des pâturages boisés qui depuis longtemps me poursuivent.

Le pâturage boisé, bien aménagé et bien soigné, serait le salut et la fortune pour la plupart de nos régions montagneuses. C'est la forme idéale qu'il faut étendre et généraliser partout où la pâture nue s'appauvrit et se dégrade.

Le pâturage boisé peut donner des résultats aussi avantageux et rémunérateurs que la forêt pâturée, dans les stations très élevées, éloignées de voies de communication, où le bois a peu de valeur. Il s'en distingue en ce que, habituellement, les herbages y sont la production principale, et le bois, la production accessoire ou subordonnée. Mais le caractère général distinctif qui peut servir à le définir, est que les *boisés et les pâturés forment des masses distinctes, nettement séparées.* Cette séparation peut être assurée par des clôtures artificielles ou par des bordures naturelles d'arbrisseaux dont on favorise le développement.

La forêt pâturée donne souvent médiocre récolte de bois ou de gazon suivant l'importance du couvert ; elle donne même souvent médiocre récolte de l'un et de l'autre, parce que le couvert nuit, dans une certaine mesure, à l'abondance et à la qualité de l'herbe, et que le bétail, par son pied et sa dent, nuit à la bonne venue du bois.

La forêt pâturée tend à s'éclaircir de plus en plus par l'action du bétail, qui compromet la régénération, et par l'action des usagers, qui provoquent des coupes trop fréquentes, trop importantes, et s'opposent aux mises en défens nécessaires pour assurer cette régénération. Quand, sous cette double influence, la forêt pâturée s'est trop largement ouverte, elle décline rapidement, la production de bois devient insignifiante, les buissons, fougères, genêts, puis la bruyère se développent de plus en plus, jusqu'à occuper toute la surface ; alors il n'y a plus ni bois ni herbe, c'est la garrigue ou la lande. Et si le terrain est en pente, c'est quelquefois pire.

encore, c'est la dénudation et l'érosion. Comment arrêter cette marche progressive vers l'improductivité ou la ruine qui, en dépit du zèle, des efforts continus des agents forestiers, se manifeste nettement dans quelques-unes de nos forêts communales de montagnes. Je ne vois qu'un seul moyen : *l'amélioration des pâturages communaux* situés en dehors de la forêt qui, en assurant au bétail des usagers une plus abondante alimentation, et lui permettant d'y séjourner plus longtemps, rendront possibles ou plus efficaces les mesures à prendre en vue de protéger la forêt.

Peut-être aussi, dans certains cas, on pourrait assurer l'amélioration et la restauration des *bois pâturés ruinés* par des clôtures artificielles, au moyen desquelles on cantonnerait et délimiterait nettement les bois et les herbages, ici plantant pour refaire de petits massifs pleins au lieu et place d'arbres épars et de broussailles improductives, donnant d'ailleurs à ces surfaces boisées telle importance que l'on jugerait utile; là pratiquant quelques travaux d'amélioration pastorale pour établir des pelouses productives au lieu et place des fougères, des genêts, des bruyères.

CHAPITRE III.

3ᵉ CLASSE. — TRAVAUX DE CULTURE PASTORALE.

Il ne suffit pas de protéger, de garantir un pâturage contre les causes naturelles de dégradation; il ne suffit pas, d'autre part, de lui assurer la bonne organisation générale et l'outillage qui sont nécessaires à une bonne et fructueuse exploitation; il faut en outre donner aux pelouses les soins d'entretien qu'elles réclament, les maintenir sur toute leur surface en bon état de production.

L'énumération qui va suivre concerne des travaux qui ont été conseillés, recommandés dans les publications spéciales faites, en Suisse, par les Landolt, les Schatzmann, les Stebler et les Schröter, etc.; en France, par MM. Briot, Berthault, G. Heuzé, ou que l'on trouve mentionnés çà et là dans la plupart des publications agricoles concernant les prairies et herbages.

J'y ai joint quelques idées et indications nouvelles basées sur les observations et études qu'il m'a été donné de faire pendant mes longs séjours et mes nombreuses tournées dans les régions pastorales.

Nivellement grossier du sol. — Le sol des pâturages présente de nombreuses inégalités : des protubérances, de petites buttes, formées souvent de matériaux meubles, alternant avec des dépressions. Si l'on examine ces petits monticules, durant une période de sécheresse, l'herbe y apparaît roussie par le soleil, et une surface parfois importante est perdue pour la production pendant une grande partie de la saison. Ces petits monticules sont le plus souvent occupés, d'ailleurs, par les mauvaises espèces végétales, celles qui caractérisent les terrains stériles, le nard raide, par exemple. Un nivellement grossier, fait à la pioche, et portant sur les plus petites inégalités, remédiera à ces inconvénients et rendra la production herbacée plus régulière, plus constante et plus profitable.

Épierrement. — Les pierres roulantes amenées par le ruissellement des eaux, les avalanches, le piétinement des bestiaux sur les pentes supérieures, occupent assez souvent dans le pâturage des surfaces importantes. Parfois aussi, on rencontre de petits affleurements de roches divisées, fissurées, d'une extraction facile. Ces pierres superficielles doivent être enlevées ou rassemblées dans la mesure du possible. On en comblera les dépressions les plus voisines, ou on les utilisera pour les chemins, pour de petits murs au pied des éboulis, à l'entour des bouquets de bois, etc. Ce travail pourrait être fait à peu de frais, et toujours avec profit, en utilisant les loisirs des bergers. Je dis *avec profit*, car en donnant aux bergers des tâches salariées qui pourraient porter d'ailleurs sur d'autres travaux et qui amélioreraient beaucoup leurs émoluments, on arriverait à constituer un bon personnel de pâtres, intéressé à soigner la montagne en même temps que le troupeau.

Émottage. — **Étaupinage.** — On rencontre assez souvent dans les pâturages des mottes gazonnées qui doivent leur origine à des causes variées. Tantôt, dans les endroits fréquemment parcourus ou marécageux, c'est le bétail qui découpe le gazon avec son pied, tassant, dénudant le sol sur certains points et laissant ainsi des prismes de terre isolés et des touffes d'herbes plus ou moins déchaussées. Cette disposition de pâturage est très défavorable à la production et doit être combattue par la destruction des mottes à la pioche, à la houe ou même, quand cela est possible, à la charrue. Les mottes divisées autant que possible peuvent être simplement retournées sur le sol nivelé. Tantôt, ce sont de petits monticules arrondis, qui donnent à certains pâturages du haut Jura suisse ou français un aspect verruqueux très caractéristique. Ces excroissances du sol de la pâture commencent presque toujours par être

des taupinières analogues à celles qui se forment dans les prairies;
puis elles donnent asile à des légions de fourmis qui en accroissent
le volume, leur faisant prendre une forme allongée dans la direction de l'est. On les appelle parfois, en France, des *moutus* (petites
mottes); dans certaines localités suisses, des *teumons* (petits monts).
Ils sont toujours presque entièrement couverts par des espèces végétales impropres à la nourriture du bétail (genêt sagitté, bruyères,
mousses sur le côté nord, etc.). MM. Clerc et Rémond [1] ont
constaté que ces petits tertres renfermaient en moyenne 48 espèces
mauvaises ou indifférentes contre 24 bonnes. Comme, d'autre part,
ils sont parfois très multipliés, ils deviennent pour le pâturage une
cause d'improductivité très importante. Des essais viennent d'être
faits (en 1899) pour l'enlèvement de ces taupinières dans quatre
pâturages du Jura. Les mottes détachées à la pioche et à la charrue
ont été entassées au milieu du pâturage et stratifiées avec une petite quantité de fumier pour la production de terreau. Les emplacements des moutus ont été ensemencés ensuite avec des graines
fourragères. Dans son rapport à la Société d'agriculture de Savoie,
M. Briot a fait connaître qu'un essai semblable fait en Suisse, dans
le pâturage communal de Bullet, près Saint-Croix, avait parfaitement réussi. Ce travail d'étaupinage pourrait être exécuté à très
peu de frais avec une charrue spéciale coupant la motte en plusieurs fragments et la rasant d'un seul coup. Il serait préférable
encore de l'éviter en prenant soin de faire étendre régulièrement
chaque année les taupinières *fraîches*. Cela se fait aujourd'hui dans
beaucoup de pâturages communaux du Jura suisse à l'aide de journées de prestation; dans notre Jura français, ce petit travail si
peu dispendieux n'est, à de très rares exceptions près, jamais exécuté.

Extraction des végétaux nuisibles. — On a pu faire

---

[1] *Simples notes et observations*, par C. Clerc et L. Rémond. Pontarlier.

depuis longtemps, et dans les régions les plus diverses, cette observation, que dans beaucoup de pâturages, et plus communément dans les pâquis communaux, le sol est presque exclusivement occupé par des végétaux à tiges ou feuilles dures, coriaces, subligneux, ligneux, parfois épineux, ou enfin par des espèces peu propres à l'alimentation du bétail. Dans les Vosges, le nard raide (*Nardus stricta*), vulgairement *poil de chien*, *poil de bouc*, forme les 9/10 du gazon de certaines pâtures [1]. Cette mauvaise espèce, qui, d'après MM. Stebler et Schröter, doit faire *saigner le cœur de tous les alpiculteurs*, *quand ils en rencontrent couvrant de grandes étendues de pâturages dont le sol est très bon et à la meilleure exposition* [2], est aussi abondamment répandu en Auvergne et dans les Alpes.

On peut, à propos de cette plante, faire une observation psychologique assez intéressante et que l'on pourra vérifier souvent. Quand une plante prend ainsi dans une région pastorale une place prépondérante, on a une tendance à croire qu'elle y a toujours occupé le sol; qu'elle y est nécessaire, indispensable, et on finit par lui trouver des mérites qu'elle est bien loin de posséder. C'est ainsi qu'un très distingué agronome, M. Amédée Boitel, semble la considérer comme une plante providentielle. C'est ainsi encore que M. Lecoq de Clermont, dans son *Traité des plantes fourragères*, a pu dire : «*qu'elle passe pour un fourrage très estimé que les vaches recherchent beaucoup*». La vérité est que les animaux ne peuvent guère la brouter qu'au printemps, quand ses feuilles sont jeunes et encore tendres, et qu'ils sont bien obligés de s'en contenter lorsqu'il n'y en a pas d'autres.

Dans les montagnes du Jura, c'est le genêt à tiges ailées (*Genista sagittalis*) qui tend à se répandre dans les meilleures parties des pâtures et y forme parfois des touffes ou mottes énormes, s'étendant toujours et finissant par occuper tout le terrain.

---

[1] Amédée Boitel, *Herbages et prairies naturelles.*
[2] Stebler et Schröter, *Les plantes fourragères alpestres.* Berne, 1896.

Dans le Plateau central, on connaît la place prise par la bruyère, et, là encore, on entend parfois le paysan vanter sa lande, disant qu'elle engraisse ses moutons et ses vaches.

Dans la région des Alpes et des Pyrénées, c'est le rhododendron, les airelles, parfois encore les bruyères, les fougères, les genévriers, etc., qui envahissent les pelouses élevées; sur les pentes inférieures, chaudes, ensoleillées, c'est la bruyère encore, la lavande, le buis, les genêts, les bugranes, l'hyppophaë, les calamagrostis, etc., qui développent leurs touffes éparses sur un sol complètement dépouillé de gazon vert.

Les espèces ligneuses buissonnantes viennent souvent compléter ces envahissements. Chênes rabougris, coudriers, aubépines, genévriers, aunes verts, s'installent dans le pâturage; utiles parfois, comme d'ailleurs les espèces précédentes, sur les pentes rapides et dénudées où elles représentent le dernier effort de la végétation contre la destruction et la ruine du sol; mais fort nuisibles, quand elles prennent la place des bonnes pelouses et viennent limiter les emplacements, déjà trop restreints, où le bétail peut trouver sa nourriture.

Il y a là une manifestation particulière de cette lutte pour l'existence entre les végétaux, qui se termine fatalement par la victoire des espèces jouissant, d'une façon continue, d'un privilège ou avantage marqué sur leurs concurrentes. Les végétaux se reproduisent par la semence ou par rejets et drageons, pour me servir des termes forestiers. Or, dans le pâturage, les bonnes espèces végétales ne peuvent que bien rarement arriver à graines, étant incessamment broutées, tondues par le bétail. Elles ne se régénèrent que par leurs souches ou par leurs organes souterrains qui, fatalement, vont en s'épuisant, s'affaiblissant sous l'influence de l'âge et des mutilations répétées. Elles doivent donc finalement céder le pas aux espèces dédaignées par le bétail qui, elles, peuvent à profusion et chaque année répandre autour d'elles leurs semences.

Il est donc indispensable que l'homme intervienne dans cette lutte et contre-balance, en faveur des bonnes espèces fourragères, l'action inconsciente exercée par le bétail et si nuisible à l'avenir de son alimentation.

L'élimination des végétaux nuisibles peut se faire par des fauchages exécutés avant la fructification et répétés aussi souvent qu'il est nécessaire. Ils sont efficaces surtout pour les plantes annuelles qui ainsi sont radicalement détruites.

Pour les plantes vivaces, il est le plus souvent nécessaire de recourir à l'extirpation des souches et racines à la pioche. Les parties *ligneuses* des végétaux extraits seront utilement *brûlées et leurs cendres épandues*. Les parties *herbacées* ou semi-ligneuses, mottes, touffes, devront être utilisées *pour la préparation des terreaux ou composts*.

Ces extirpations sont faciles et peu coûteuses dans les pâturages bien tenus; car elles ne portent alors que sur un petit nombre de sujets, et il n'est pas nécessaire de les répéter très fréquemment; mais il n'en est pas de même dans les pâtures en mauvais état.

Fumure. — 1° FUMURES ANIMALES. — *Modifications dans la pelouse résultant de leur inégale répartition.* — La prédominance des espèces végétales nuisibles ou peu profitables au bétail ne tient pas seulement, en effet, à cette sélection au rebours, faite par le bétail, que je viens de signaler, mais encore aux conditions de la végétation qui peuvent varier beaucoup suivant les soins donnés aux pâturages et favoriser grandement aussi la multiplication des mauvaises espèces aux dépens des bonnes. Il est clair qu'en dépit d'extirpations aussi soignées et aussi répétées que possible, les bonnes plantes ne pourront se maintenir sur des sols appauvris, ne renfermant pas les éléments nécessaires à leur développement. La composition du gazon est en relation étroite avec la composition de la couche végétale qui lui donne naissance et par suite avec la nature des engrais animaux et des restitutions végétales dont cette couche est formée.

Si le sol du pâturage est sursaturé d'engrais animaux azotés, comme cela arrive dans le voisinage des chalets et des parcs, ou, d'une façon plus générale, sur les reposoirs ou passages du bétail, les légumineuses qui ont peu d'affinité pour ces engrais et la plupart de nos bonnes graminées qui acceptent mieux, il est vrai, cette nourriture azotée, mais à la condition que des composés minéraux lui soient associés; bref, presque toutes nos bonnes plantes fourragères disparaissent, étouffées par les plantes dites *ammoniacales*, l'aconit (*Aconitum napellus*), la patience des Alpes (*Rumex alpinus*), la grande ortie, etc.; celles-ci, bien inutilement, développent leur puissante végétation dédaignée du bétail sur des surfaces parfois étendues qui pourraient devenir les parties les plus riches et les plus productives du pâturage, être utilisées même, comme prairies artificielles.

Des essais de défrichement et de création de prairies artificielles sur des terrains de cette nature faits à la Furstenalpe (alt. 1782 mètres), ont donné des rendements qui se sont élevés jusqu'à 9,450 kilogrammes de fourrage sec à l'hectare [1].

Si, d'autre part, la couche superficielle est constituée par cet humus incomplet, ce terreau à réaction acide, que l'on appelle parfois *terre de bruyère*, une flore spéciale recherchant cet engrais végétal va s'y établir. C'est le fameux nard raide aux expositions chaudes; les airelles, les rhododendrons, aux expositions fraîches; les bruyères un peu partout. Ce terreau acide résulte d'une décomposition incomplète des défoliaisons végétales, et comme les espèces en question, avec leur feuillage sec et dur, sont très aptes à produire un terreau de cette nature, elles créent en quelque sorte autour d'elles des conditions favorables à leur extension. Il en résulte que quand elles ont mis un pied dans un terrain, elles en ont bientôt quatre. Elles s'étendent et se multiplient rapidement, favorisées encore comme on l'a vu par les ménagements du bétail. Et ainsi se forment ces landes improductives qui, peu à peu, re-

---

[1] Stebler et Schröter, *Les plantes fourragères alpestres.* Berne, 1896.

foulent les troupeaux vers des pelouses dont l'herbe est tondue déjà jusqu'à la racine, vers des pentes d'éboulis déjà partiellement dégazonnées et ravinées, vers la forêt enfin, ce dernier refuge de la végétation alimentaire. Or, la fumure animale modifie ce terreau acide, elle le complète et le rend assimilable pour les meilleures espèces végétales. Elle fait disparaître le nard raide et empêche l'expansion des bruyères.

Ainsi un peu plus d'engrais ici, un peu moins d'engrais là, et la surface entière du pâturage peut présenter les conditions les plus favorables au développement des meilleures plantes de la montagne. On voit par là combien il est indispensable de conserver dans la pâture tout l'engrais produit par le bétail; à peine pourra-t-il suffire à la défendre contre l'invasion des végétaux nuisibles et contre les dégradations dont cette invasion devient la cause indirecte. Il faut donc, avant tout, faire disparaître ces pratiques vicieuses qui consistent à exporter le fumier des chalets et des parcs, ou à faire parquer le bétail en dehors du pâturage. On voit, en outre, combien il est avantageux d'assurer une bonne répartition des engrais entre les différents points de la surface pastorale. Cette répartition peut se faire, si on a de l'eau à sa disposition, par des rigoles qui assureront le lavage des étables et de leurs abords et distribueront sur une surface aussi étendue que possible le liquide chargé de purin, par des transports directs de l'engrais sur tombereau, charrette, ou à dos de mulet; enfin, comme dans les meilleurs pâturages de l'Auvergne et dans certains pâturages de la Savoie et de Suisse, en établissant des parcs mobiles et les transportant successivement dans toutes les parties de la pâture susceptibles d'être entretenues et améliorées. *Une bonne et complète utilisation des engrais produits par les animaux peut suffire dans bien des cas à maintenir en bon état de production les pelouses d'un pâturage.*

2° FUMURES VÉGÉTALES. — *Composts.* — Mais il serait souvent bien utile, parfois même indispensable, de compléter cette fumure par des *composts végétaux.* Elle ne suffirait jamais, surtout sur des sols surchargés et inclinés, à rendre au pâturage toutes ses déperditions résultant des consommations fourragères du bétail et du ruissellement des eaux qui incessamment lessivent le terrain et tendent à le stériliser. On trouvera presque toujours, et assez facilement, dans le pâturage, les matières végétales nécessaires à la fabrication de ces composts : produits herbacés provenant du fauchage ou de l'extraction des végétaux nuisibles, débris végétaux accumulés autour des bouquets de bois, herbages et terres tourbeuses des cuvettes marécageuses, terres de bruyères, etc. Toutes ces matières végétales, stratifiées avec une certaine quantité de fumier frais et un peu de chaux, arrosées de temps en temps, s'il y a lieu, pendant les sécheresses de l'été, produiraient à peu de frais d'excellents terreaux qui permettraient de compenser l'usure du sol végétal et de regarnir les parties dénudées.

On sait combien les terres riches en humus sont favorables au développement des légumineuses. A défaut de la preuve qu'en ont donnée MM. Law et Gilbert, dans leurs célèbres expériences de Rothamsteed, il suffit, pour s'en convaincre, d'examiner le parterre d'une forêt de mélèze. Le trèfle blanc y est parfois l'herbe dominante. Des terreautages abondants et répétés peuvent donc permettre de multiplier des plantes qui, à leurs grandes qualités alimentaires joignent encore la précieuse propriété d'enrichir le sol en azote.

Les engrais minéraux peuvent être, enfin, d'un utile emploi dans les pâturages partout où les frais de transport ne rendent pas l'opération trop onéreuse, et en la limitant strictement aux surfaces où les conditions spéciales de la végétation en indiquent la nécessité. C'est ainsi que dans les pâturages tourbeux, dans les bas-fonds humides, dans toutes les parties trop fraîches ou trop ombragées, où la décomposition incomplète des matières végétales à la surface du sol a pour conséquence la formation d'un terreau acide favorable à la propagation des herbes de marais, ou des mousses, bruyères, etc., on pourrait employer avantageusement des engrais calcaires : chaux, marnes, phosphates de chaux, scories de déphosphoration, des engrais potassiques, cendres, du sulfate de fer, etc.

On trouvera quelquefois, dans le pâturage lui-même, des matières minérales susceptibles de développer sa fertilité. Les immenses pâturages alpestres ou pyrénéens renferment des terrains ou roches appartenant à des couches géologiques diverses, et bien souvent on y rencontre des couches marneuses, schisteuses et autres susceptibles de fournir des amendements ou engrais minéraux. De petits fours à chaux pourraient être établis dans certains cas pour la transformation des landes de rhododendrons, genévriers, etc.

Semis de graines fourragères. — Lenteur du gazonnement naturel. — Par le fait de l'usure, de l'amincissement progressif de la couche végétale, du ruissellement des eaux, du piétinement des troupeaux, on rencontre dans le pâturage bien des places dégazonnées. Si on n'y prend garde, ces dénudations ne cesseront de s'étendre; parfois même elles provoqueront le ravinement, l'érosion du sol. Il est donc indispensable de regazonner ces surfaces. Il faut également regarnir les surfaces terreuses découvertes par nos travaux de nivellement, d'extraction de pierres et de mauvaises herbes, etc.

On a contesté l'efficacité de semis de graines fourragères dans les régions élevées des Alpes, et on se basait pour cela sur l'extrême lenteur avec laquelle le gazon naturel se rétablit sur les places dénudées. Mais ce dernier fait ne doit pas surprendre, si l'on veut bien observer que, sur les places en question, la terre végétale a complètement disparu; il ne reste que la couche sous-jacente stérile et parfois fortement tassée par le pied du bétail; si l'on veut bien tenir compte, d'autre part, de la faible quantité de semences fournies par des plantes incessamment broutées et qui, en raison

de l'altitude, ne peuvent pas toujours mûrir leurs graines. Ainsi que
l'ont établi manifestement les expériences déjà citées de la Fürstenalpe (1,782 mètres), les sols cultivés et fumés sont capables de se
regarnir rapidement, soit par des semis artificiels, soit même par
l'engazonnement naturel. A Paris, quand on veut rétablir ces belles
pelouses veloutées qui ornent les squares publics, on a bien soin
de cultiver le sol et d'épandre à sa surface, avant l'ensemencement,
une couche de terreau. Il doit en être de même dans les régions
pastorales quand on voudra procéder à des regazonnements. Le
sol devra être ameubli, au moins sur une faible épaisseur, puis re-
couvert d'une couche de terreau pour laquelle on utilisera le produit de nos composts. Si le sol sur lequel on opère présente une
certaine inclinaison, on pourra très utilement procéder par bandes
ou petites plates-formes parallèles qui seront séparées par des intervalles non travaillés.

Choix des graines et moyens de s'en procurer. — On a
opposé aussi aux regazonnements dans les zones pastorales élevées
les difficultés de connaître et de se procurer les graines fourragères
susceptibles d'y réussir. Un ouvrage comme celui publié récemment par MM. Stebler et Schröter et quelques études locales permettront de résoudre assez facilement la question du choix des
espèces végétales à employer dans les semis. On peut observer
aussi que beaucoup d'espèces fourragères ont une aire d'habitation
très étendue, et que même, parmi les espèces vendues par le commerce, quelques-unes sont susceptibles de réussir à de hautes
altitudes. C'est ainsi que dans les expériences de la Fürstenalpe
(1,782 mètres), le vulpin, le pâturin des prés, le timothy, la fétuque
des prés, l'avoine jaunâtre ont donné des résultats très satisfaisants.
En revanche, le ray-grass et le fromental (*Avena elatior*) n'ont pas
réussi. En ce qui concerne cette dernière espèce, je puis dire cependant que je l'ai trouvée près du col de Glaize (Hautes-Alpes), à
une altitude de 1,700 mètres, constituant, presque à elle seule,

une véritable prairie artificielle dans un terrain compris dans un périmètre de reboisement et mis en défens depuis quelques années. Je ne doute même pas qu'elle ne s'élève sensiblement plus haut sur des pentes bien exposées, car en Suisse on l'a trouvée également à des altitudes de 1,600 à 1,800 mètres.

En ce qui concerne les légumineuses, le trèfle des Alpes (*Trifolium alpinum* L.), le trèfle blanc (*Trifolium repens* L.) qui tapisse le sol des forêts de mélèze, les trèfles gazonnant (*Trifolium cæspitosum* Reyn) et pâle (*pàllescens* Schreb.), même le trèfle rouge sauvage (*Trifolium pratense* L.), surtout la variété (*Trifolium nivale* Sieb) peuvent être employés. Il en est de même de l'oxytrope champêtre (*Oxytropis campestris* D. C.), de la phaque frigide, lentille de montagne (*Phaca frigida* L.), du sainfoin des Alpes (*Hedysarum obscurum* L.), de l'Esparcette des montagnes (*Onobrychis montana* D. C.).

Au surplus, les espèces de graminées, de papilionacées et des autres familles qui, après une étude faite dans une région déterminée, sembleraient indiquées pour les regazonnements aux différentes altitudes, pourraient être facilement cultivées, ainsi que l'a proposé M. Briot, en Savoie, dans de petites pépinières où l'on ferait récolte de graines et parfois de souches ou racines.

Un moyen plus simple encore de s'approvisionner de graines des plantes spontanées les mieux appropriées aux diverses stations est de constituer quelques *réserves clôturées* que l'on maintient à l'état de prés pendant quelques années, que l'on entretient soigneusement, et de manière à favoriser le développement des espèces les plus précieuses, et dont on récolte les graines au moment où ces espèces les plus précieuses arrivent à maturité.

Dans le service du reboisement on a fait, et on fait encore parfois, des semis de graines fourragères pour assurer la consolidation des berges des ravins, concurremment avec des plantations. Il serait certainement beaucoup plus facile, en général, de réussir des engazonnements sur les plateaux et pentes peu inclinées de la zone pastorale.

6.

Mises en défens culturales. — Le tassement du sol. — Ses effets sur la composition des gazons. — Une cause très importante, selon moi, de la faible production et de l'appauvrissement des pâturages en plateaux, présentant d'ailleurs des conditions favorables à d'abondantes formations fourragères, c'est le tassement du sol par le piétinement du bétail. On conçoit qu'un pâturage surchargé comme le sont généralement les pâturages communaux, parcouru depuis des siècles par les troupeaux sans autres interruptions que les périodes hivernales; on conçoit, dis-je, qu'un semblable terrain finisse par présenter à sa surface une couche dure, compacte, presque imperméable à l'air et à l'eau. Ce sont là, évidemment, des conditions très défavorables à une active végétation, très défavorables aussi au développement des microorganismes qui incessamment dans le sol transforment les déchets végétaux en principes assimilables. Aussi voit-on disparaître peu à peu les végétaux à enracinement profond et à tiges et feuillages hautement développés. Elles disparaissent des pelouses alpestres et se réfugient dans toutes les places inaccessibles au bétail, les plantes telles que la *phaque frigide*, le *sainfoin des Alpes*, les *trèfles* (hormis pourtant les espèces gazonnantes et rampantes), la *livèche Mutelline* (*Meum Mutellina* L.), etc., toutes les plantes enfin exigeant un sol meuble, divisé, bien aéré. Elles se répandent, au contraire, et finissent par constituer la pelouse à l'exclusion de toutes autres, les espèces telles que les *plantains*, les *pâturins des Alpes*, les *alchemilles*, les *liondents*, etc., espèces nutritives sans doute, en général très appréciées du bétail, mais ne donnant, en somme, qu'une maigre production herbacée; de plus, elles sont assez avides d'engrais et, par contre, en raison de leur faible développement, de leurs pauvres ramifications soit dans le sol, soit dans l'air, elles sont peu favorables à la reconstitution des matières nutritives par leurs déchets végétaux.

Aussi bien arrive-t-il que, si l'engrais, l'humidité viennent à manquer, ces plantes sont remplacées à leur tour par des espèces

telles que le *nard raide*, certaines *laîches*, la *fétuque ovine* et autres
graminées médiocres, espèces qui ont le privilège d'être peu exi-
geantes, mais qui joignent malheureusement à cette qualité le
défaut d'offrir au bétail la plus maigre des nourritures. C'est la
misère pour la pâture. Ainsi, par des dégradations successives résultant d'exploitations imprudentes, les hautes futaies deviennent
des futaies claires, puis de maigres taillis, et ceux-ci des broussailles
improductives.

Je ne vois qu'un moyen de remédier à cette transformation des
gazons, à cette décadence végétale résultant du tassement du sol,
c'est la *mise en défens*. Une amélioration peut déjà résulter du soin
que l'on apportera à déplacer momentanément le troupeau, à le
cantonner successivement dans les diverses parties de la pâture,
de façon que chacune d'elles puisse profiter de repos aussi pro-
longés que possible. Mais une mise en défens complète pendant une
ou plusieurs années produirait des effets bien autrement importants et avantageux. La couche végétale se distendrait en quelque
sorte, se gonflerait, redeviendrait peu à peu beaucoup plus per-
méable à l'eau et à l'air. Racines et feuillages participant de ces
conditions plus favorables se développeraient plus largement et se
décomposant dans le sol ou à sa surface, l'enrichiraient. Microorganismes se multiplieraient dans des fermentations mieux pourvues
d'eau, d'air, de substances organiques et minérales. Alors se produirait une transformation des gazons contraire à celle que nous
venons d'étudier. Les bonnes espèces végétales arriveraient à mûrir
leurs graines et les épandraient autour d'elles. Elles rempliraient
une partie des vides, s'installant partout, à côté des espèces médiocres, auxquelles ensuite elles disputeraient victorieusement la
place, étant mieux outillées, ayant une organisation mieux appropriée à ces conditions nouvelles. Elles reparaîtraient, les plantes aux
puissantes ramifications aériennes et souterraines, les papilionacées
améliorantes, qui feraient concourir l'azote atmosphérique et les
couches profondes du sol à la constitution de nouvelles réserves ali-

mentaires. *Cette mise en défens équivaudrait à un labour, à une fumure et à un semis de bonnes graines fourragères. Elle constituerait l'épargne, la réserve nécessaire pour compenser l'usure végétale.*

On peut objecter qu'elle provoquera une certaine concentration du bétail sur le surplus du pâturage : concentration peu importante si la mise en défens n'est appliquée par exemple qu'au 1/10 ou au 1/20 de l'étendue et qui sera compensée, dans une certaine mesure, sur la partie laissée au parcours par des engrais plus abondants. Si, d'ailleurs, la mise en défens produit les résultats que j'indique, la privation temporaire sera largement compensée ensuite par l'accroissement de la production, quand la parcelle sera rendue au parcours.

Cette mise en défens pourrait avoir sur certains points — surtout étant prolongée pendant plusieurs années — de fâcheux résultats, en ce que les herbes sèches incomplètement décomposées pourraient produire ce terreau acide si favorable au développement des mousses, airelles, bruyères, rhododendrons, etc. On aurait avantage sur toutes les parties où les herbes sont abondantes et où le fauchage est possible, de les récolter, de les faire consommer au chalet-étable et de les restituer au terrain l'année suivante sous forme d'engrais.

On constituerait ainsi la réserve de fourrages recommandée si expressément par les alpiculteurs de la Suisse et imposée même dans quelques-unes de ses législations cantonales, pour assurer l'alimentation du bétail, en cas de mauvais temps, de neiges tardives ou prématurées.

On recueillerait les avantages reconnus de *l'exploitation alternative en pré et pâturage.* Ces réserves de fourrages récoltés pourraient même *permettre de retenir le bétail plus longtemps au chalet-étable;* de réduire, par conséquent, ses divagations dans le pâturage, ce qui *serait avantageux à la fois au bétail, en lui épargnant des fatigues, au pâturage, en diminuant les dégâts du piétinement.*

L'alternance pratiquée dans le pays d'Appenzell, suivant une rotation déterminée entre les prairies et les pâturages; la transformation dans les basses Alpes du pays de Schwiz, ou dans l'Entlebuch, de pâturages en *biens d'hiver* exploités partiellement en prairies [1], sont des applications heureuses et fécondes des idées que je viens d'exposer et qui, dans une mesure il est vrai beaucoup plus restreinte, pourraient également être mises en pratique dans les *propriétés collectives*.

On peut objecter encore que cette mise en défens nécessitera la dépense d'une clôture. C'est une dépense peu considérable qu'une clôture *volante* en fil de fer ou ronce artificielle, surtout si, comme cela arrive souvent, on peut trouver, dans des éclaircies utiles de la forêt communale, les piquets nécessaires.

D'ailleurs cette mise en défens et cette clôture ne sont-elles pas nécessaires pour permettre l'exécution avec succès et profits des travaux d'amélioration qui viennent d'être successivement examinés. Le sol du pâturage sera écorché, déchiré, dénudé, défriché sur certains points par les travaux de nivellement grossier, d'extraction de pierres, d'extirpation des végétaux nuisibles. On a conseillé d'ensemencer ces surfaces, ainsi que toutes les dénudations produites par le bétail, par des semis de graines fourragères. Mais ces semis donneront-ils de bons résultats si la parcelle reste incessamment piétinée par le bétail? Tous ces travaux sont donc solidaires, et on arrive à cette conclusion, c'est *qu'il faut les rassembler, les concentrer tous sur une même surface qui, pendant tout le temps nécessaire à sa restauration, demeurerait clôturée et interdite au bétail.*

Aménagement pastoral. — Ces travaux d'amélioration et cette mise en défens culturale étant d'autre part reconnus utiles, avantageux sur toutes les parties de la pâture, on arrive à la conception d'un *aménagement pastoral* ayant pour objet de régler méthodiquement l'exécution des travaux, les mises en défens et l'exer-

[1] Stebler et Schröter, *Les plantes fourragères alpestres.*

cice du pâturage de façon à obtenir une production soutenue et
même progressivement croissante.

Je suppose qu'un pâturage affecté au bétail d'une commune ou
section de commmune comprenne — défalcation faite des parties
rocheuses, ravinées, embroussaillées, improductives enfin, —
120 hectares. On estime, d'après l'état du pâturage et d'après les
ressources en argent ou main-d'œuvre dont on dispose, que l'on
peut exécuter les travaux les plus essentiels de restauration sur
8 hectares chaque année. On divisera dès lors le pâturage en
15 coupons ayant approximativement chacun la surface de 8 hectares. Si le pâturage est peu dégradé et qu'une seule année suffise
à mettre la pelouse en bon état, on clôturera chaque année un coupon, on y exécutera tous les travaux nécessaires, et l'année suivante,
il sera rendu au parcours. Au bout de 15 ans, la surface entière
aura été parcourue et on pourra recommencer une nouvelle *rotation*
en suivant dans le même ordre les coupons parcourus. Tel est
l'aménagement le plus simple. Si on base la possibilité sur la surface, on voit qu'il entraîne une épargne très modérée représentée
par 1/15 de la production totale.

Mais il est rare qu'une année puisse suffire à assurer la restauration d'un coupon. On est amené dès lors à fixer, outre la *période
de rotation*, la *période de restauration*, qui comprendra, suivant les
cas, 2 ou 3 ou 5 années, par exemple. La clôture sera main-
tenue successivement, pendant toute la durée de cette période, à
l'entour de chaque coupon. De sorte que si l'on a adopté une
rotation de 15 ans et une période de restauration jugée nécessaire de
3 ans, l'épargne pourra se représenter par 3/15 ou par 1/5 de la
production totale. Si l'on basait toujours la possibilité exclusivement
sur la contenance, cela constituerait un sacrifice très important;
mais il convient d'observer que dès la quatrième année d'application
de l'aménagement, le premier coupon, très complètement restauré,
sera rendu au parcours. Chacune des années suivantes, un *nouveau*
coupon offrira au troupeau des herbages abondants que les travaux

et une mise en défens de 3 années y auront développés. Une possibilité *croissante* pourra donc être établie, et le sacrifice consenti pendant les premières années se trouvera rapidement compensé par la plus-value croissante des herbages.

Un aménagement de l'espèce peut donc être facilement établi. Il consistera essentiellement :

1° A fixer la durée de la rotation, l'emplacement et les limites des coupons, qui seront *assis* sur le terrain et numérotés dans l'ordre où ils devront être parcourus ;

2° A fixer la durée de la période de restauration ;

3° A déterminer la possibilité provisoire, susceptible d'être revisée, tous les cinq ans, par exemple.

Quant au programme des travaux, il pourra être arrêté chaque année au vu des résultats obtenus dans les coupons précédemment parcourus. Ces travaux seront exécutés dans les meilleures conditions possible ; au lieu de s'éparpiller à tort et à travers, au hasard des circonstances, ils seront concentrés chaque année sur une surface déterminée d'avance et s'exécuteront d'après un plan méthodique assurant sur chaque point leur retour à des intervalles fixes. Ils seront protégés par une clôture. On pourra en constater facilement les résultats et dès lors les modifier d'après l'expérience acquise. On assurera ainsi aux pâturages, et dans une mesure bien plus importante encore, les bienfaits que la *coupe dite d'amélioration* à périodicité fixe procure aux forêts.

Cet aménagement pastoral devra être évidemment complété par toutes dispositions réglementaires concernant l'exercice du parcours. La division en coupons facilitera singulièrement encore l'énoncé et le contrôle de ces dispositions, et permettra notamment de donner au berger des instructions nettes et précises en ce qui concerne la conduite du troupeau.

CHAPITRE IV.

RESTAURATION DES VERSANTS MONTAGNEUX DÉGRADÉS ET IMPRODUCTIFS.

Un plan d'organisation et d'améliorations pastorales, comme celui que je viens d'exposer, ne saurait évidemment pas s'appliquer, sans des modifications très importantes, à ces immenses surfaces occupées par des landes improductives de bruyères, de rhododendrons, etc., non plus qu'à ces versants rapides, parfois effroyablement ravinés et dégradés qui, notamment dans notre massif des Alpes, tiennent une si grande place. Il m'a paru qu'il convenait d'abord d'indiquer les mesures destinées à mettre en pleine valeur productive les parties de nos montagnes les mieux conservées, d'assurer ainsi à leurs habitants des moyens d'existence qui leur font de plus en plus défaut. Les résultats obtenus dans ce sens faciliteront d'ailleurs singulièrement les mesures à prendre pour assurer la restauration progressive de terrains devenus presque sans valeur.

Les terrains en pente rapide, rocheux, dénudés, ravinés, incomplètement couverts par des touffes herbacées, des buissons ligneux appartenant à la végétation de la lande ou à celle de la brousse, ne peuvent être restaurés que par des plantations forestières ou par des mises en défens, ou tout au moins par des réglementations limitant sévèrement le nombre des bestiaux admis à les parcourir. On trouvera, dans toute la France, des départements, çà et là des communes et des particuliers en assez grand nombre, disposés à concourir à l'exécution de travaux de plantations forestières sur des pâturages ruinés qui ne donnent plus que des produits insignifiants et qui, très souvent, sont la cause d'importants dégâts aux propriétés inférieures. Partout où des travaux de ce genre ont été

exécutés, les populations en apprécient et en reconnaissent hautement les excellents résultats. Ils rémunèrent largement, par tous
leurs avantages directs et indirects, des sacrifices que l'on s'est
imposés.

1° Par le boisement intégral. — Transformations en forêts
de pâturages improductifs. — *Exemple dans les Vosges.* — La ville
de Saint-Dié (Vosges) a actuellement une forêt de 1,500 hectares
qui lui donne un revenu annuel de 60,000 francs, soit environ
40 francs par hectare. Au commencement de ce siècle, la surface
de ses bois n'était que de 1,200 hectares; elle a donc, depuis
moins de cent ans, agrandi d'un quart son domaine forestier aux
dépens de ses pâturages communaux. L'un de ces pâturages, la
Côte Saint-Martin, situé tout à proximité et en vue de la ville, for-
mait un canton de 90 hectares couvert de bruyères et de genêts,
parmi lesquels çà et là quelques pins mutilés par les délinquants,
quelques broussailles de chêne rongées par le bétail. Pour mettre
en valeur sans bourse délier cette « rapaille improductive », la ville
de Saint-Dié eut, en 1806, l'heureuse idée de louer ces terrains
par bail emphytéotique, pour une durée de 99 ans, à des particuliers, sous condition qu'ils s'y interdiraient tout pâturage et les
reboiseraient en totalité. Moyennant quoi ils jouiraient des *revenus
forestiers*, tels qu'ils seraient déterminés par l'administration forestière, jusqu'à l'expiration du bail. Le bail se fit par adjudication publique aux enchères, et le canton, divisé en 6 lots, fut adjugé en
fermage à des propriétaires particuliers pour la somme totale de
30 francs par an, soit à raison de 0 fr. 33 par hectare et par an.
Les travaux de boisement s'exécutèrent. En 1860, la ville trouva
profitable de racheter la jouissance de 5 lots pour la somme de
21,439 francs, représentant environ 270 francs à l'hectare. La
jouissance du sixième lot ne put être rachetée par suite d'un désac-
cord sur le prix. Mais la commune rentrera incessamment en pos-
session de ce terrain qui, en 1892, avait déjà une valeur capitale

ligneuse de 20,000 à 25,000 francs, soit d'environ 2,000 francs l'hectare[1].

Exemples dans le Jura. — Dans les montagnes du Jura, un certain nombre de communes agrandissent peu à peu leurs forêts aux dépens de pâturages qui, en raison de leur improductivité ou de leur éloignement des villages, sont d'un faible profit pour elles et pour l'habitant. Citerai-je les sacrifices importants faits dans ce sens par des villes comme Pontarlier, Baume-les-Dames, Salins, Orgelet, etc. Quelques soumissions au régime forestier sont faites aussi, chaque année, par des communes rurales; mais, soit faute de ressources, soit par indifférence, soit pour ne pas donner prétexte aux réclamations de quelques administrés, leurs municipalités n'entrent encore que bien timidement dans cette voie.

Exemples dans le Plateau central. — Un effort beaucoup plus important a été fait dans le Plateau central et surtout dans le département du Puy-de-Dôme où, de 1843 à 1884 inclus, grâce aux encouragements de la Société d'agriculture, aux libéralités du département qui y a affecté jusqu'à 10,000 et même 15,000 francs par an; grâce surtout aux importantes subventions de l'État, on a mis en valeur, par des plantations de pins, une surface de 9,482 hectares de landes de bruyères appartenant à des sections de communes. Beaucoup de ces terrains produisent aujourd'hui à la fois du bois et des herbages abondants exempts de bruyère, mais où, en revanche, le trèfle blanc et les bonnes graminées sont largement représentées. Cet effort s'est, depuis, beaucoup ralenti, et, en dépit des avantages recueillis et constatés, les communes opposent aujourd'hui à l'extension de ces travaux une résistance presque invincible.

---

[1] *Une emphytéose forestière*, par H. Algan (*Revue des eaux et forêts*, 10 septembre 1893).

Cette résistance s'explique par ces motifs que :

1° Ces travaux forestiers entraînent pour l'habitant la privation immédiate des profits, si minces qu'ils soient, tirés de l'exploitation de la lande;

2° Qu'il faut attendre au minimum vingt-cinq ou trente ans avant de pouvoir recueillir un bénéfice des reboisements effectués.

Telles sont les causes, et non seulement en Auvergne, mais dans toutes nos régions montagneuses, du peu d'empressement que mettent les communes à mettre en valeur par des plantations forestières leurs pâturages devenus presque improductifs. On pourrait cependant développer dans une mesure importante ces travaux par une propagande active et par de larges encouragements donnés sous forme de subventions en argent ou en nature, ou de prêts amortissables.

2° Par boisements partiels et travaux mixtes pastoraux-forestiers. — Mais, quoi que l'on fasse, on obtiendra toujours difficilement des communes de renoncer à ces maigres pâtis en les reboisant intégralement et les soumettant au régime forestier. Or ils pourraient être améliorés beaucoup déjà par des plantations partielles faites dans les parties les plus déclives, les plus rocheuses, les plus dénudées, les plus embroussaillées. Ces bouquets de bois fertiliseraient les pentes tout autour d'eux, y favorisant la formation d'un terreau doux, et, par suite, la végétation de bonnes espèces herbacées, au lieu et place des bruyères, des genêts, buis, etc. Quelques petits travaux d'amélioration : épierrements, extraction de végétaux nuisibles, fumures économiques, pourraient être entrepris aussi dans les meilleures parties, sur les replats, dans les clairières enherbées de ces broussailles. On retombe ainsi sur la solution des *travaux mixtes pastoraux-forestiers;* et cette solution aurait beaucoup plus de succès auprès des communes et des habitants, si jaloux parfois de leurs droits d'usage. Les travaux en question entraîneraient d'ailleurs pour les com-

munes de moins grands sacrifices que le reboisement intégral, et
ils auraient pour avantage d'être beaucoup plus rapidement rémunérateurs. Quelques années pourraient suffire à améliorer ces
pauvres herbages, et pendant ce temps-là, sans qu'il en résultât
la moindre gêne pour l'exercice des droits d'usage, les bouquets de
bois se développeraient sous la protection d'une clôture temporaire
et prépareraient pour l'avenir une amélioration plus importante et
plus durable.

Travaux de ce genre dans le Jura. — Tout récemment, plusieurs
communes de nos montagnes jurassiques dans les arrondissements
de Pontarlier, Montbéliard, Salins, Saint-Claude, encouragées par
quelques subventions de l'État, ont commencé des travaux de ce
genre, pastoraux-forestiers, pour la mise en valeur de pâturages
dégradés. A Saint-Claude, cette initiative a pris une forme particulièrement intéressante. De petites sociétés scolaires se sont fon-
dées sous la direction des instituteurs pour faire concourir les
enfants à ces travaux, leur en donner le goût et préparer ainsi des
générations soucieuses d'améliorer les biens communaux[1]. Ces
exemples seraient facilement suivis dans toute la France, pour peu
qu'on les fît connaître et qu'on les appuyât d'un peu de propagande et d'encouragements pécuniaires.

3° Par la mise en défens. — *Aménagement de mises en défens.*
— Mais les grands versants montagneux sont parfois si abruptes,
si rocheux et d'un accès si difficile, que tous travaux de ce genre
y sembleraient bien difficiles, bien onéreux et à coup sûr peu rémunérateurs. Dans ce cas, le seul moyen de restauration est la
mise en défens. Elle peut être imposée aux communes au nom de
l'intérêt public, en application de la loi du 4 avril 1882, après

[1] L'initiative de cette création de sociétés scolaires appartient à M. Mayet, insti-
tuteur à Avignon; à M. Cochon, inspecteur des eaux et forêts, à Saint-Claude, et à
M. l'inspecteur primaire à la même résidence.

accomplissement de certaines formalités, et moyennant payement d'une indemnité pécuniaire aux communes et aux usagers. Ce titre II de la loi sur la restauration et la conservation des terrains en montagne pourrait certainement recevoir d'utiles applications. Cette durée de dix ans, à laquelle l'interdiction de parcours doit être limitée, est, dans bien des cas, suffisante pour assurer une restauration déjà très complète; en la limitant aux surfaces les plus dégradées, on arriverait certainement et sans de très grands sacrifices pour l'État, à des résultats très appréciables. Cette mise en défens *décennale* pourrait même devenir la base d'un aménagement pastoral très simple qui consisterait à diviser une montagne en dix parties équivalentes, qui tour à tour seraient mises en défens pendant *dix ans. L'institution d'une réserve égale au dixième de la contenance pourrait être, pour bien des montagnes pastorales, le salut, comme l'institution du quart en réserve l'a été pour nombre de forêts; comme l'institution des réserves dans les cours d'eau peut être l'un des meilleurs moyens d'assurer la conservation du poisson.*

Mais pour que cette réserve soit efficace, il est indispensable qu'elle se combine avec une réglementation pastorale portant sur l'ensemble des pâturages de la commune. Il faut qu'elle constitue une *épargne réelle.* Or l'article 23 du décret du 11 juillet 1882 permet d'assujettir à la réglementation les communes sur le territoire desquelles des périmètres de *mises en défens* ont été établis.

Application de la mise en défens aux pâturages exploités par les troupeaux transhumants. — La mise en défens semble tout particulièrement indiquée pour la restauration des montagnes dégradées par les *troupeaux transhumants;* elle ne saurait susciter aucune opposition des communes, les terrains en question n'étant pas à l'usage des habitants. L'indemnité ne pouvant d'ailleurs se baser que sur le prix de location, l'indemnité à la charge de l'État ne serait pas bien lourde et sa fixation ne donnerait lieu à aucune difficulté.

Mises en défens partielles. — La mise en défens doit toujours être d'ailleurs considérée comme l'une des clauses nécessaires de toute réglementation pastorale sérieuse. Toute parcelle qui se dégrade dans un pâturage, quelle que soit son étendue ou sa situation, doit être interdite au parcours jusqu'à sa complète restauration. Cette interdiction peut être assurée bien facilement et sans gêner l'exercice du pâturage par une clôture temporaire; quelques centaines de mètres de fils de fer, établis à propos pendant un certain nombre d'années, suffiraient bien souvent à empêcher la formation d'un ravinement ou d'une érosion, ou à arrêter leur développement, et les communes souscriraient bien souvent, très volontiers, à des mises en défens ainsi limitées à des parcelles de faible étendue. Parfois même elles consentiraient à contribuer pour une part aux frais de clôture.

4° Par la réglementation. — Nécessité de celle-ci. —

Abus de jouissance. — Ceci m'amène à traiter brièvement la question si importante de la réglementation des pâturages qui, en vertu du chapitre 2 du titre II de la loi du 4 avril 1882 et des dispositions prises par le décret du 11 juillet 1882 pour l'application de cette loi, peut être imposée à toutes les communes sur le territoire desquelles des périmètres de reboisement obligatoire ou de mise en défens ont été établis.

On peut, à bon droit, désirer que cette réglementation obligatoire soit peu à peu étendue à toutes les communes pastorales. Il est bon, il est nécessaire que celles-ci soient appelées à discuter et à formuler chaque année dans des délibérations les règles à imposer aux usagers pour l'exercice de leurs droits. C'est l'acte le plus important de la gestion administrative de ces communes et c'est le seul, précisément, qui échappe à toute discussion et à tout contrôle. Or, il en résulte le plus souvent des abus extrêmement regrettables :

1° La quantité de bétail admise au pâturage est réglée non

d'après l'état et l'étendue du pâturage, mais d'après le bon plaisir de chacun.

Inégalité dans la répartition de la jouissance. — 2° La répartition de la jouissance entre les usagers est très inégalement faite et, comme toujours, c'est le droit du pauvre qui est sacrifié. Dans la région des Alpes, j'ai pu constater, sur les rôles des bestiaux établis par les communes pour la perception des taxes, que tel chef de famille introduisait 100 à 150 moutons dans le pâturage, alors que les autres n'y entretenaient que 30 à 40 bêtes, d'autres beaucoup moins encore, d'autres, enfin, aucune. Dans le Plateau central, j'ai constaté un fait plus anormal encore : l'impôt afférent aux biens sectionnaux est réparti par égales parts entre tous les chefs de famille, quel que soit le nombre de bêtes introduites par eux dans le pâturage et *n'en eussent-ils même aucune.* J'ai visité notamment une commune du Puy-de-Dôme qui renferme 84 maisons ; 30 maisons n'ont pas de bestiaux. En revanche, un seul propriétaire possède et entretient pendant l'été, sur le communal, 10 vaches et 100 moutons. L'impôt du bien commun s'élève à environ 460 francs et il est réparti par parts égales (environ 6 francs) entre tous les feux, à l'exception de 3 feux d'indigents qui ont été exemptés.

Mesures prises par certaines communes. — Certaines communes ont, il est vrai, pris des mesures pour corriger ou compenser dans une certaine mesure ces abus et ces inégalités. Quelques-unes en Savoie, et même dans les Alpes du Dauphiné, établissent, pour le nombre de têtes de bétail admises au parcours, un maximum que l'on ne peut pas dépasser, ou au delà duquel on est obligé au payement d'une surtaxe progressive.

La part du pauvre. — Dans le Jura et le Plateau central, on fait parfois la part du pauvre ne possédant pas de bétail, en lui accordant sur la terre commune une petite surface déterminée où il peut

cultiver un peu d'orge ou de seigle, ou des pommes de terre. Parfois même, on va plus loin et on divise tout ou partie du pâturage par lots égaux entre tous les chefs de famille pour une période déterminée (3, 5, 9 et même 18 ans). Chacun exploite son lot à sa guise. Quand la durée assignée à ce partage temporaire est courte, on écobue, brûle le terrain pour en tirer quelques récoltes sans dépense d'engrais, et on le rend à la commune appauvri, ruiné pour un certain nombre d'années. Alors le terrain retourne à la pâture commune et on fait sur un autre emplacement un nouvel allotissement. Si le partage est fait pour une durée de dix-huit ans, comme cela s'est pratiqué et se pratique encore parfois dans certains départements du Plateau central, les terrains sont soignés comme des biens particuliers et, à l'expiration de la période, on se base sur cette jouissance prolongée pour réaliser par reconnaissance de droits acquis ou vente régulière le partage définitif. La propriété communale disparaît, et avec elle parfois, quand la situation est favorable, l'improductivité du sol. Si, en effet, les terrains ne sont pas trop éloignés des villages, que les transports d'engrais ou les irrigations y soient possibles, la lande appropriée se transforme en excellentes cultures ou prairies productives.

Appropriation des terres communales. — On trouve assez souvent, dans le Plateau central et dans quelques-unes de nos autres contrées montagneuses, des exemples de ces heureuses transformations produites par l'appropriation des terres communes; mais cette appropriation a donné aussi de très fâcheux résultats quand elle s'est appliquée, comme cela se rencontre quelquefois dans cette même région, et très souvent dans la région alpestre, à des terrains mal situés, qui ne peuvent se cultiver qu'à la faveur d'engrais soustraits à la montagne voisine ou à des terrains en pente dont le défrichement est dangereux.

La possibilité. — **Le pâquier.** — Ces faits suffisent à montrer l'utilité, la nécessité d'imposer aux communes des réglementations basées, d'une part, sur la productivité ou la possibilité des pâturages et assurant, d'autre part, aux ayants droit une équitable répartition des produits. En Suisse, on est beaucoup plus avancé que nous sous ce rapport, et la conception du *pâquier*, surface nécessaire à l'entretien d'une vache pendant l'été, traduit dans la plupart des réglementations la préoccupation que l'on a de ne pas surcharger le pâturage. Des mesures efficaces sont prises aussi, sinon pour assurer en fait à tous les usagers une jouissance rigoureusement égale, du moins pour supprimer tous abus résultant de l'introduction, par un usager, de bestiaux en nombre trop considérable et notamment de bestiaux non hivernés par lui.

CHAPITRE V.

RESTAURATION DES LANDES DE PLATEAU.

Influence limitée de la réglementation. — On aurait
grand tort toutefois de croire que ces mesures réglementaires
pourraient dans tous les cas suffire à maintenir les pâturages en
parfait état de conservation et de production. La limitation du
nombre de têtes de bétail essentielle dans les pâturages où le
bétail séjourne constamment, le jour et la nuit, et ne reçoit que
la nourriture fournie par leurs herbages est utile encore, mais à
un degré moindre, si le bétail reçoit à l'étable sous forme d'herbe
fauchée, de tourteaux, etc., une alimentation complémentaire.
C'est le cas habituel pour les pâturages de Franche-Comté et pour
un assez grand nombre de ceux du Plateau central. Elle a sensiblement moins d'importance dans les pâturages de plateau, où le
sol est peu sujet à des dégradations importantes, que dans les
grandes montagnes présentant des pentes rapides, comme dans les
Alpes, les Pyrénées, les Cévennes. La surcharge est moins à redou-
ter aussi pour le gros bétail que pour les espèces ovine et caprine.
La limitation du nombre des bestiaux a pour principale fonction
de réduire les dégradations du sol; elle supprime aussi une cause
d'infertilité, mais elle ne saurait suffire à défendre le pâturage
contre l'invasion des végétaux nuisibles, ni surtout à rétablir de
bonnes pelouses là où ces végétaux couvrent le sol. On aura beau
réduire le nombre des moutons qui parcourent les grandes landes
de bruyères du plateau du Cézalier ou de celui de Millevache,
cela ne suffira pas à leur donner les gras et verdoyants gazons qui,
dans ces régions mêmes, leur font si souvent contraste.

Comment donc restaurer, remettre en pleine valeur d'herbages
ces immenses pâturages de plateau qui non seulement en Auvergne

et régions circonvoisines, où ils occupent plus d'un million d'hectares, mais dans le massif pyrénéen et ses larges abords, mais dans
le massif alpestre et ses avant-monts, et jusqu'en Franche-Comté
sont dévorés, stérilisés par les bruyères, les airelles, les rhododendrons, les genêts? Je ne puis faire ici que la théorie générale de
cette reconstitution sans entrer dans les détails d'application qui,
d'ailleurs, peuvent varier sensiblement d'une région à l'autre.

**Exemples de transformation de landes, en Bretagne,
Normandie, dans le massif central, etc., à l'étranger.**
— Le paysan breton disait, à la vue de ses terres incultes qui occu-
paient autrefois les deux tiers de son territoire [1] : « Lande tu as été,
lande tu es, lande tu seras. » Et sa lande a été peu à peu refoulée :
par le partage des terres communes [2], par l'emploi des phosphates fossiles, de la poudre d'os, des composts de terreau et de
fumier. Même transformation dans le Maine, où la découverte de
calcaire et d'anthracite au milieu des terres schisteuses a permis
de transformer ce mauvais sol en terres de bonne qualité par des
composts de chaux, fumier, terreau, préparés sous le nom de
tombes et répandus régulièrement. Même transformation dans le
Cotentin, où, au lieu de chaux, on emploie de la *tangue*, sable formé
de coquillages marins dont on fait également des tombes avec du
terreau et du fumier. Et dans tous ces pays, les haies d'arbres, les
bordures boisées concourent pour une grande part par leurs ombrages, leurs abris, par leurs feuillages producteurs de terreau à
l'entretien de leurs riches pâturages.

Dans le Limousin, dans la Creuse, la Corrèze, surtout le pour-
tour du plateau de Millevache, les irrigations, l'emploi d'engrais
calcaires et encore les bordures d'arbres ont créé de riantes et productives prairies là où la bruyère, le genêt et l'ajonc ne donnaient

---

[1] Taine, *Les origines de la France contemporaine.*
[2] En application de la loi du 6 décembre 1850.

que de la litière et de maigres pâtis. Dans les Vosges, les irrigations encore, données à profusion, l'emploi de la *charrée*, permettent d'entretenir de riches prairies sur des sols sablonneux, si favorables à la végétation des landes.

Parlerai-je enfin des étendues considérables conquises par des plantations de pin sur les dunes ou sur les sables humides des landes de Gascogne, sur les plaines sablonneuses ou caillouteuses de la Sologne et du Berri?

Parlerai-je des transformations fécondes qui s'accomplissent en ce moment dans la Campine belge, à la faveur d'irrigations, de drainages, d'engrais calcaires à haute dose, d'engrais azotés produits par la culture et l'enfouissement des lupins? Des efforts analogues et bien plus importants encore sont faits depuis 25 ans en Allemagne pour assurer la conquête agricole des steppes marécageuses ou sablonneuses qui y tiennent une si grande place.

Donc la lutte est possible, fructueuse; un peu partout elle a été engagée victorieusement contre la lande. Mais qu'a-t-on fait jusqu'ici sous ce rapport dans nos régions montagneuses? Rien ou presque rien. Quelques milliers d'hectares ont été mis en valeur par des plantations forestières, et cette œuvre féconde est aujourd'hui presque arrêtée, parce que le montagnard a surtout besoin d'herbages et que la création de forêts ne lui promet que des avantages trop lointains.

Comment donc détruire cette végétation de landes et lui substituer un tapis végétal formé de nos bonnes espèces fourragères? Comment surtout faire disparaître la bruyère?

La lande de bruyère. — *Causes de sa formation.* — La bruyère passait pour une espèce *silicole*. Aujourd'hui on l'appelle plus volontiers *calcifuge*. On pourrait peut-être définir d'une façon plus générale encore ses aptitudes en disant qu'elle recherche tous les sols où, par le fait de circonstances diverses, il se produit des accumulations de terreau acide, d'humus incomplètement formé.

Ainsi on la retrouve un peu partout, même parfois sur terrain calcaire, dans les forêts ruinées où un couvert insuffisant ne conserve pas au sol une humidité telle, que les défoliaisons et les productions herbacées de la surface puissent se décomposer complètement; dans les terrains marécageux, quelle que soit leur station, ou, pour une cause contraire, l'excès d'humidité, la végétation superficielle forme des dépôts grandissants d'humus incomplet. Les grands plateaux sablonneux, privés d'ombrages et d'abris, avec un sol très pénétrable à l'air, très apte à l'échauffement et aux rapides évaporations, incessamment parcourus par les vents desséchants, réalisent les conditions les plus favorables à la formation de cette terre de bruyères qui une fois constituée devient presque absolument rebelle à toute autre végétation.

La bruyère semble d'ailleurs ne se complaire que sur ce terreau acide, incomplet, qu'elle-même contribue beaucoup à former, dès qu'elle s'est installée dans un terrain. Ses défoliaisons sèches, dures, se décomposent, en effet, assez difficilement. Elle redoute les sols compacts qui ne donnent pas sans doute à ses organes radiculaires une aération suffisante, et on voit ses touffes surplomber les talus des chemins, suspendues en quelque sorte, et se maintenir vigoureuses, n'ayant presque aucune relation avec le sol minéral, qui les supporte. Par contre, elle n'apparaît point sur les passages gazonnés qui traversent les landes et sont incessamment battus par le pied du bétail. Elle semble craindre tous les engrais basiques : les fumures concentrées, riches en matières azotées, ammoniacales, la chaux, la marne, la potasse, qui tendent à transformer ce terreau acide, à modifier ses propriétés chimiques ou physiques.

Combattre la formation de ce terreau acide et là où il existe, assurer sa transformation en terreau doux favorable à la végétation des bonnes espèces herbacées, graminées et légumineuses, telle semble être la solution du problème à résoudre.

Moyens de transformation. — On l'a résolu déjà bien souvent. et par des procédés très divers. C'est l'application de ces procédés qui a créé et maintient presque sans frais d'entretien ces magnifiques pâturages particuliers que l'on rencontre sur bien des points en Auvergne et qui contrastent si étrangement avec les landes communales.

1° L'IRRIGATION. — *Irrigation.* — Une lande sèche peut être transformée facilement en prairies ou pâturages excellents par des irrigations concentrées faites en hiver et au printemps après destruction aussi complète que possible de la bruyère par le feu et par l'extirpation des souches. Une irrigation abondante a pour effet de tasser un peu le sol, d'en agglutiner les éléments; l'eau peut agir aussi chimiquement, détruisant par les matières minérales qu'elle renferme en dissolution l'acidité du sol, et ainsi se trouvent créées des conditions beaucoup plus favorables à la multiplication des microorganismes qui vont développer dans le sol des fermentations favorables aux espèces gazonnantes.

2° LE DRAINAGE. — Si la bruyère se développe dans des terres marécageuses par suite d'un excès d'humidité, rien n'est plus facile souvent que de détruire celle-ci en rassemblant une partie de l'eau des sources qui alimentent la cuvette dans des rigoles tracées horizontalement ou avec une très faible pente au flanc des versants, et d'autre part en assainissant la surface marécageuse par des drains ou fossés d'épuration.

3°. L'INCINÉRATION. — Ces deux procédés : irrigations-drainages, ne peuvent s'employer que dans des conditions toutes spéciales. Le procédé de destruction de la bruyère le plus fréquemment pratiqué dans les pâtures communales, c'est l'incinération. On met le feu à la lande, et c'est tout. Sur ce sol découvert, amélioré chimiquement par la potasse et la chaux contenues dans les cendres, quelques herbes gazonnantes se développent, et pendant quelques

années le pâturage devient un peu meilleur pour le bétail. Mais ces
effets durent peu. La bruyère reparaît bientôt sur un sol appauvri
par la destruction d'une partie de la couche de terrain acide, les
herbes gazonnantes disparaissent, le sol se dénude à l'entour des
touffes éricacées devenues plus malingres et plus misérables, et
la lande soumise à ce traitement s'achemine peu à peu vers la dénudation, ou tout au moins vers une improductivité presque complète.

4° LA FUMADE. — Ce procédé bien appliqué et bien réglé permet
à lui seul d'entretenir indéfiniment et presque sans frais, en parfait
état, des pelouses gazonnées. Il consiste à parquer, chaque nuit, le
bétail sur une partie du pâturage qui reçoit ainsi une fumure con-
centrée d'engrais ammoniacaux et dont le sol est en même temps
tassé et durci. Ces conditions sont, comme on l'a vu, très défavorables à la bruyère, qui disparaît presque complètement pendant
quelques années, mais est parfois remplacée sur les pâturages mal
entretenus par une espèce végétale peu recommandable encore :
le nard raide. Un excellent moyen de faire reparaître de bonnes
espèces végétales et de compléter ainsi les effets de la fumade
serait d'enclore pendant un an la partie qui a été fumadée et d'y
constituer une bonne pelouse par une culture grossière consistant :
dans le nivellement du sol, l'émiettement et l'égale répartition de
l'engrais laissé par le bétail, la mise en tas des mottes et touffes,
avec un peu de fumier et de chaux pour produire une certaine
quantité de terreau, la combustion des racines de bruyères dont
on épandra les cendres; les semis de bonnes graines fourragères
et surtout de papilionacées, trèfle de montagne, trèfle blanc, etc.
L'année suivante, le terrain pourrait probablement être rendu au
parcours dans d'excellentes conditions, et, une fois la pelouse bien
constituée et absolument expurgée de bruyères, l'entretien devient
facile par un retour régulier de la fumade.

Ce procédé de la fumade, pour être appliqué dans de bonnes

conditions, exigera le plus souvent : 1° la construction d'un buron
pour abriter le berger et remiser les claies qui doivent former la
clôture du parc mobile; 2° un aménagement régulier du pâturage
divisant sa surface en un certain nombre de coupons équivalents
qui seraient successivement parcourus par la fumade, puis par les
travaux de culture complémentaires, sous la protection d'une clôture.

5° LE DÉFRICHEMENT. — *Écobuage, défrichement, culture temporaire.*
— Le moyen le plus radical, mais le plus coûteux, pour détruire la
bruyère consiste à écobuer le sol, à le défricher, puis à le soumettre
pendant plusieurs années à une culture ayant pour but de modifier
la composition chimique du sol et son état physique, de payer en
tout ou en partie les frais de défrichement et d'engrais par le produit des récoltes obtenues, ou de produire des *engrais verts* dont
l'enfouissement donnerait au terrain les matières azotées qui lui
font défaut. Ces défrichements s'exécutent assez fréquemment dans
les terrains communaux sur les emplacements concédés aux indigents pour leur tenir lieu de droit de jouissance au pâturage dont,
faute de bétail, ils ne peuvent user. Mais il est appliqué de telle
façon qu'il appauvrit le pâturage au lieu de l'améliorer. Le concessionnaire, après avoir défriché le terrain, établit des fourneaux avec
les mottes, en épand les cendres, et sur le sol cultivé, sans autre
engrais, il obtient une ou deux récoltes de seigle, avoine ou pomme
de terre; après quoi il restitue le terrain, qui dès lors se couvre de
genêts à balais, puis revient à la bruyère. Sans se départir de ces
concessions faites dans un but d'équité, on pourrait en tirer parti
en imposant au concessionnaire certaines pratiques culturales
dont il lui serait tenu compte, en clôturant le terrain à l'expiration
de la concession et provoquant par un traitement approprié la
reconstitution d'une pelouse herbacée.

D'une façon générale, la conversion d'une lande en pâturage
par le procédé cultural ne peut se faire que : 1° au moyen d'engrais

chimiques, et surtout de chaux à des doses assez élevées; 2° au moyen d'engrais verts obtenus sur le sol même par une culture préparatoire exigeant elle-même des engrais minéraux; 3° au moyen de composts préparés en grande quantité à l'aide de tous les produits herbacés, foliacés, mottes de gazon, feuilles d'arbres, bruyères fauchées, que l'on pourra facilement et économiquement se procurer sur le terrain même et qui seront entassés, stratifiés avec du fumier, mélangés de chaux, compressés s'il y a lieu à l'aide d'un cadre de bois surmonté de quelques pierres, humectés enfin assez fréquemment avec de l'eau ou mieux avec le purin recueilli dans une fosse, rigole ou cuviers établis à l'entour du tas. La pelouse, une fois reconstituée par un semis de graines fourragères bien choisies et fauchée une année ou deux en vue d'en épaissir la trame, sera facilement entretenue et presque sans frais en lui assurant des fumades régulières et en ne la surchargeant pas.

Une transformation de ce genre, appliquée à un pâturage d'une certaine étendue, ne pourrait se faire que progressivement, en application d'un aménagement qui serait basé lui-même sur des essais préparatoires et sur le décompte exact des dépenses qu'entraînerait l'entreprise. Bien conduite, elle deviendrait, dans la plupart des cas, rapidement rémunératrice, ainsi qu'en témoignent bien des essais faits dans les régions les plus diverses.

6° BORDURES BOISÉES. — Une des causes les plus importantes de la propagation de la bruyère est certainement le défaut d'abri qui laisse le vent exercer sans obstacle son action desséchante et diffuser au loin les graines de la plante néfaste. C'est aussi le défaut d'ombrage, si nuisible surtout sur des sols sablonneux, très aptes à l'échauffement et au desséchement. C'est enfin le défaut de restitutions végétales assez importantes pour compenser sur des sols naturellement secs et peu fertiles ou sur des pâturages souvent surchargés les consommations fourragères, pour entretenir des nitrifications ou fermentations capables de renouveler incessam-

ment les provisions alimentaires. Des bordures boisées de 3 à
5 mètres de largeur, formant de grands rectangles allongés dans
un sens perpendiculaire aux vents les plus fréquents, obvieraient
à tous ces inconvénients et contribueraient beaucoup à maintenir
en bon état de conservation et de production les pelouses restaurées.

Elles pourraient être faites sur un terrain bien préparé et légèrement exhaussé en remblai avec des plants de haute tige résineux
et feuillus, ces dernières essences étant plus favorables à la formation de terreaux doux.

On mettrait ainsi en application la pratique presque constante
des acquéreurs de terrains communaux partagés, dans la Haute-
Vienne, la Corrèze, la Bretagne, etc. Leur premier soin est de
limiter leur terrain par un fossé et une banquette de terre plantée
d'arbres.

Landes de genêts, de rhododendrons, etc. — Des moyens
de restauration analogues, mais modifiés suivant la situation, le sol,
le climat, l'altitude, sont applicables aux landes de plateau constituées par d'autres espèces végétales, telles que les genêts, les airelles, les rhododendrons, etc. Un procédé qui a été parfois em-
ployé en Franche-Comté dans des pâtures particulières consiste à
extraire les touffes de genêts sagittés avec leur motte et à retourner
celle-ci simplement sur le sol, puis, alors qu'elle s'est naturellement
décomposée, on l'émiette, et un bon gazon se forme sur l'emplacement des touffes.

Pour les rhododendrons, dont l'extraction sur de grandes surfaces
pourrait être parfois trop coûteuse, M. Mathey a indiqué un procédé qui en réduirait sensiblement les frais et semble susceptible
d'utiles applications. Il consiste à relier entre elles les clairières de
la lande par des bandes débroussaillées qui serviraient de passage
au bétail et s'élargiraient peu à peu sous son action même, à créer
dans les intervalles de ces bandes des bouquets de bois qui eux
aussi s'élargiraient peu à peu. La lande ainsi conquise des deux

côtés à la fois finirait par disparaître et par prendre cette forme idéale du *pâturage boisé*.

Toutefois cette manière d'opérer, assurément très prudente et très conservatrice, puisqu'elle ne fait pas usage du feu, ne saurait donner immédiatement que des résultats très limités et ne promet des résultats complets et définitifs qu'à une échéance un peu lointaine.

Des débroussaillements suivis d'écobuages à feu courant ont été pratiqués dans les Pyrénées sous la direction du service forestier, sur de vastes étendues couvertes de genévriers et de rhododendrons. *« Les résultats acquis ont dépassé toute attente et des pâturages de premier ordre ont été ainsi créés du soir au lendemain; l'avantage de cette opération est d'être radicale, en ce qui concerne le rhododendron et le genévrier. S'il se produit çà et là quelques rejets, ils sont détruits par le passage annuel du bétail, en sorte qu'on peut considérer la transformation comme définitive. De plus, l'opération est indispensable et primordiale sur tous les points irrigables où le sol est couvert de mort-bois, car les irrigations n'ont de raison d'être que sur les terrains préalablement constitués en pelouses. Cette amélioration est donc capitale, le prix de revient est d'environ 15 francs par hectare* [1]. »

[1] E. Dussaut, *Remarques sur le problème de la restauration des montagnes.* (*Revue des eaux et forêts*, 1er mai 1898.)

RÉSUMÉ ET CONCLUSIONS.

Dans la première partie de cette notice, j'ai fait connaître la situation pastorale des différentes régions montagneuses de la France, j'en ai fait ressortir les conséquences funestes pour le présent et le danger pour l'avenir.

La déchéance des anciennes réglementations locales, le développement de la transhumance, la place excessive donnée dans les montagnes à l'espèce ovine, et comme forme d'exploitation, à l'élevage des animaux, plutôt qu'à leur engraissement et à la production du lait, le défaut d'organisation pastorale, l'absence de tous travaux d'amélioration ou d'entretien, sont les causes principales de l'appauvrissement et de la dégradation progressive des pâturages communaux.

La loi du 4 avril 1882 permet dans une certaine mesure d'y remédier. Elle assujettit à une réglementation obligatoire de leurs pâturages toutes les communes désignées dans un tableau établi par un règlement de l'Administration publique, tableau qui peut être revisé dans la même forme sur la proposition de l'Administration des eaux et forêts. Une commission locale, composée du sous-préfet, président ; d'un conseiller général, d'un conseiller d'arrondissement, d'un délégué du conseil municipal de la commune et de l'agent forestier, peut, à défaut de la commune, pourvoir d'office à la réglementation ou reviser la réglementation proposée par elle.

Il y a bien là une tentative de résurrection des réglementations locales d'autrefois, s'appuyant sur des pouvoirs régionaux, mais constitués en dehors et au-dessus de la commune. Cette tentative est heureuse.

L'expérience du passé, les exemples tirés de la gestion des biens communs par les pouvoirs mandementaux, ceux tirés des législations cantonales de la Suisse, permettent de fonder de sérieuses espérances sur les résultats qu'elle est susceptible de donner, si on veut bien la développer et l'accentuer.

Les prescriptions de la loi du 4 avril 1882, en ce qui concerne la réglementation des pâturages, sont d'ailleurs observées dans quelques départements et leur application n'a donné lieu jusqu'ici à aucune difficulté sérieuse. J'ai eu l'occasion d'examiner, l'année dernière, un assez grand nombre de règlements présentés par les communes de l'arrondissement d'Embrun (Hautes-Alpes). La plupart renferment les principales dispositions exigées par la loi : le nom et les limites des divers cantons soumis au pacage, les diverses espèces de bestiaux et le nombre de têtes à y introduire, l'époque du commencement et de la fin du pâturage.

Quelques communes y ont inséré d'excellentes dispositions concernant : le mode de répartition de la possibilité entre les usagers, — la marque obligatoire des bestiaux, — les taxes à payer suivant les espèces des animaux : ovine, bovine ou caprine, et aussi suivant qu'ils sont bétail *d'hyverne* ou bétail *de commerce*, — le contrôle par une commission municipale du nombre de têtes de bétail existant sur le pâturage; — les réparations pécuniaires à exiger pour le bétail en fraude, soit du propriétaire, soit du berger responsable, etc. — Quelques communes même ont inscrit dans le règlement l'interdiction de parcours dans certaines parcelles. Il convient de noter encore que plusieurs communes, notamment les communes d'Embrun et des Crottes, ont adopté, pour la répartition de la jouissance, le principe de l'*affouage pastoral*.

On voit ainsi que la seule obligation imposée à certaines communes de produire chaque année une réglementation, a eu déjà pour résultat de les amener à discuter les clauses de ce règlement et à faire adopter par quelques-unes d'importantes améliorations aux règlements ou usages antérieurs. Ces règlements peuvent certainement se perfectionner d'année en année, et souvent il suffira pour cela d'une intervention toute gracieuse et par simples conseils des agents forestiers.

Le contrôle de ces réglementations pourrait d'ailleurs être facilement assuré par un ou deux comptages exécutés à l'improviste, au cours de la saison, par les préposés forestiers.

J'ai fait connaître, d'autre part, quel parti on pouvait tirer de l'application du titre II (chap. 1er) de la loi du 4 avril 1882, concernant les mises en défens. Elle peut permettre d'obtenir, sans grands sacrifices pour l'État, la suppression des grands troupeaux transhumants sur les montagnes dont la dégradation aura été constatée. Elle peut permettre ainsi de constituer sur les pâturages livrés à la jouissance commune de véritables *réserves* qui, comme *les quarts en réserve forestiers*, peuvent devenir la base initiale d'aménagements pastoraux et assurer peu à peu la restauration complète de la montagne sur laquelle elles seraient établies.

La deuxième partie de la notice comprend l'indication de tous les travaux à exécuter, de toutes les mesures à prendre pour assurer la conservation, entretenir la fertilité des pâturages, enfin pour leur procurer l'organisation et l'outillage nécessaires à une bonne et fructueuse exploitation. Je n'ai pas, on le conçoit, la prétention d'avoir formulé un ensemble de règles applicables dans leur intégrité et sans modifications à tous les cas si variés que l'on pourra rencontrer.

J'ai voulu donner seulement quelques idées générales capables de guider les efforts qui pourront être tentés dans cette voie.

Pour résumer celles-ci, je dirai que le maintien en bon état et la fertilité d'un pâturage dépendent essentiellement des restitutions animales et végétales qui lui sont données : *Conserver sur le pâturage tous les engrais produits par le bétail et en assurer la bonne répartition*, telle est la première règle, et c'est en vue surtout de son

application que le pâturage doit être bien outillé et bien organisé.
Les restitutions végétales ne peuvent être assurées d'autre part
que par des *épargnes* analogues à celles que l'on cherche à constituer en forêt pour obtenir un rapport soutenu et progressif.

*Fixation de la possibilité en bétail ; mises en défens temporaires,
réglées, si possible, par un aménagement ; gazonnements et reboisements
partiels ; fabrication et mise en réserve de composts végétaux ; constitution
de réserves fourragères et allongement des périodes de stabulation ;* telles
sont les différentes formes sous lesquelles ce principe d'épargne
peut être utilement appliqué.

L'application de l'article 5 de la loi du 4 avril 1882 a donné
déjà des résultats d'une certaine importance. Les progrès réalisés
par l'industrie laitière dans des régions montagneuses où elle
n'existait qu'à l'état rudimentaire sont dus principalement à la
création de fruitières par l'initiative des agents forestiers. Mais cette
organisation industrielle, qui, en donnant de la valeur aux laitages,
peut seule provoquer le recul de l'exploitation par l'élevage, n'est
encore qu'ébauchée, et il reste beaucoup à faire pour la mettre en
harmonie avec les besoins sociaux de nos montagnards et pour la
faire concourir efficacement à la restauration des pâturages.

Des versants montagneux ont été également consolidés et mis
en valeur par des plantations forestières avec le concours des départements, des communes et des particuliers. Mais ici encore,
l'application de l'article 5 est loin d'avoir reçu tout le développement dont elle est susceptible. L'obstacle à une marche plus rapide
de ces travaux n'est pas seulement dans les ressources trop limitées
mises à la disposition de l'administration par l'État, par les départements et les communes, mais encore dans l'inertie, l'indifférence
et souvent même la défaveur des populations à l'égard de travaux
qui ne sont pas susceptibles de leur donner des profits immédiats
et qui, au contraire, ont pour résultat de leur enlever la jouissance actuelle de leurs maigres pâtis.

Le service des Améliorations pastorales, créé à la Direction centrale des eaux et forêts, en application du décret du 30 décembre 1897, a reçu pour mission d'intéresser et faire concourir les populations à la restauration du sol de leurs montagnes, en y encourageant les travaux d'irrigation et les travaux pastoraux et combinant ceux-ci avec les travaux de consolidation forestière : *Faire du pâturage deux parts : la partie fertile, dont on peut et dont on devra augmenter la valeur par tous travaux susceptibles d'améliorer et d'enrichir les herbages ; la partie dénudée, rocheuse, stérile, où se cantonneront les travaux de consolidation et de mise en valeur forestière* [1].

C'est une mission difficile, une œuvre de longue haleine qui a été confiée ainsi au personnel forestier. Œuvre difficile, car c'est une œuvre nouvelle qui devra passer dès l'abord par une période de tâtonnements et d'essais, au cours de laquelle pourront seulement se fixer les procédés pratiques et économiques d'exécution. Œuvre difficile surtout, parce que l'on aura souvent à lutter contre cet attachement routinier des populations à des pratiques primitives, traditionnellement suivies depuis des siècles.

C'est une œuvre de longue haleine, car elle peut et doit s'appliquer successivement à toutes ces immenses surfaces pastorales [2] de nos régions montagneuses qui presque partout s'appauvrissent, se dégradent et nous offrent le pénible spectacle de leur misère et de leur abandon. C'est une œuvre de haute importance sociale, car elle n'intéresse pas seulement l'avenir économique de ces rudes, laborieuses et patriotes populations montagnardes qui énergiquement luttent contre une nature ingrate et qui, dans le grand mouvement des échanges commerciaux, ont à lutter encore contre la concurrence des pays plus favorisés par les conditions du sol et du

[1] Discours de M. Méline, président du Conseil, ministre de l'Agriculture, à la Chambre des députés (séance du 4 décembre 1896).

[2] La statistique agricole de 1892 indique qu'il n'y a pas moins de 6,226,189 hectares en France de terrains compris sous la désignation de *landes, pâtis, bruyères, sols rocheux ou montagneux incultes, marécages et tourbières*, dont le produit est absolument nul ou tellement infime qu'il est inutile d'en faire mention. Ces terrains sont pour la plupart compris dans nos régions montagneuses.

climat. Elles seront vaincues dans cette double lutte, si on ne les aide, si on ne les soutient, en mettant à leur portée quelques-uns de ces moyens que le progrès des sciences et le développement de la civilisation ont mis déjà à la disposition des contrées à cultures intensives. Or, de grandes lois de solidarité unissent entre elles toutes les parties d'une nation : lois morales, lois économiques, lois physiques, et, faute de les observer, cette nation s'achemine vers la décadence. Pour ne parler ici que des lois physiques, n'est-ce pas un fait partout connu, étudié ; n'est-ce pas une vérité expérimentale que les dégradations du sol montagneux entraînent la ruine des plaines inférieures ? C'est la montagne verte et fertile qui fournit les eaux courantes nécessaires à l'irrigation des plaines. C'est la montagne dégradée, ruinée qui débite les eaux d'inondation et d'érosion et dérobe, sous les immenses dépôts de graviers et limons dont elle encombre le lit des rivières, le trésor d'humidité et de fraîcheur où s'alimente dans la chaude saison la richesse des campagnes.

Cette œuvre des améliorations pastorales est le complément nécessaire des travaux de reboisements et de correction de torrents entrepris par le corps forestier pour assurer la restauration et la conservation des terrains en montagnes. Sans elle, le succès éclatant de ces travaux n'est qu'une victoire partielle dont les résultats restent incertains ou éphémères. Le grand problème à résoudre, on l'a dit bien souvent avant moi, c'est d'arrêter le progrès des dénudations : on ne le pourra qu'*en modifiant, en améliorant notre régime pastoral* [1].

[1] Voir notamment : A. Mathieu, *Le reboisement et le regazonnement des Alpes ;* Marchand, *Les torrents des Alpes et le pâturage ;* Ch. Broilliard, *Les Alpes pastorales* (*Revue des eaux et forêts*, du 10 août 1896).

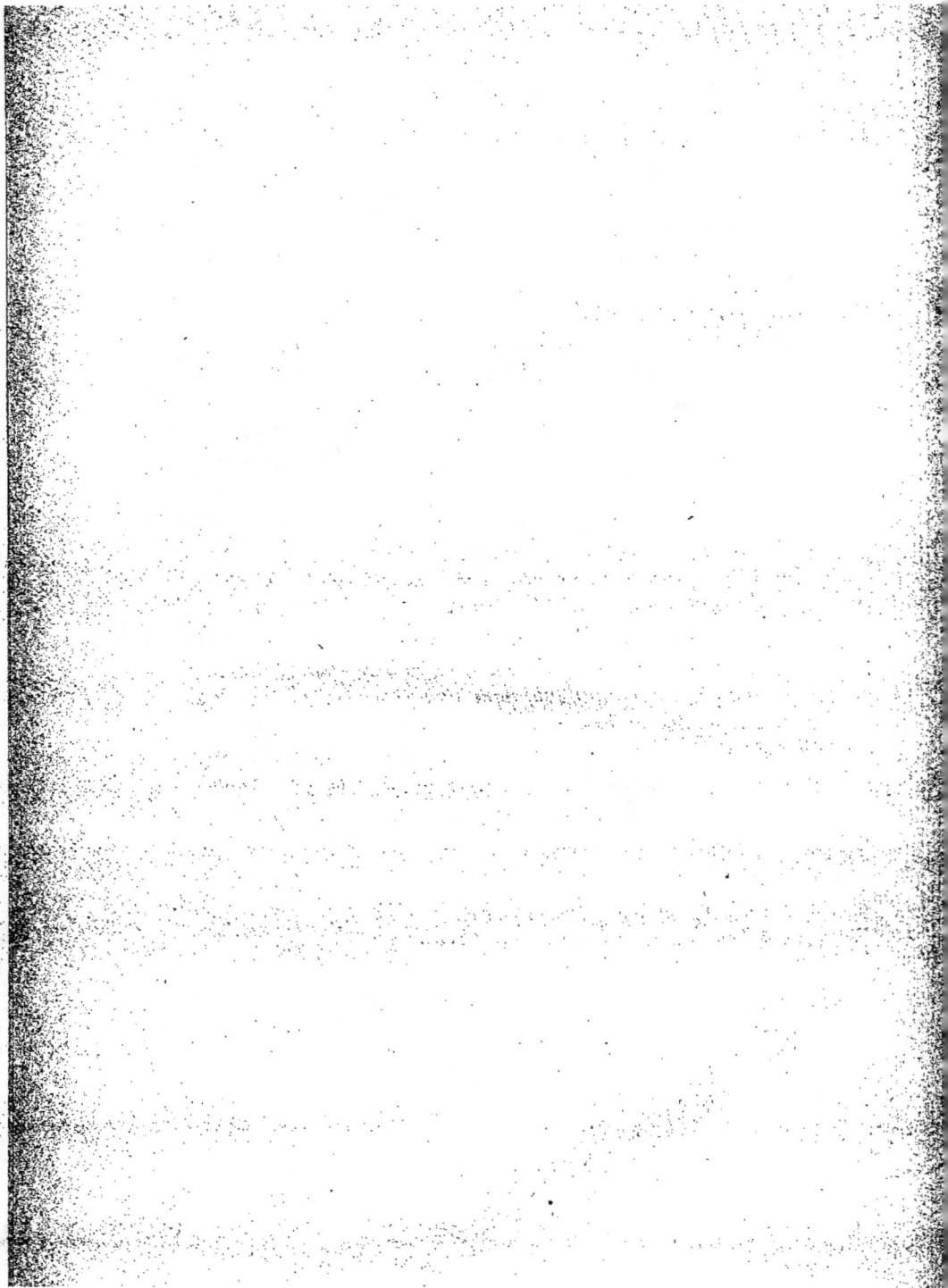

TROISIÈME PARTIE.

QUELQUES VUES DE PÂTURAGES ALPESTRES,

D'APRÈS DES PHOTOGRAPHIES DE M. PERROY,

INSPECTEUR DES EAUX ET FORÊTS À EMBRUN (HAUTES-ALPES).

LÉGENDE EXPLICATIVE.

N° I.

Pâturage de Guillestre. — Quartier de Razis.

(Altitude, 2,300 mètres.)

Cette vue présente un pâturage boisé. Des pelouses, généralement en parfait état, alternent avec de petits massifs boisés. Ceux-ci occupent notamment, comme on le voit au premier plan, les berges et fonds de ravins. Ils sont presque exclusivement composés de mélèzes. Quelques pins à crochets, ou pins cembro, apparaissent çà et là en petit nombre.

Au centre du pâturage : baraque étable.

N° II.

Autre aspect de ce même pâturage; sur le premier plan, des coupes de bois abusives ont été faites. Les souches des arbres exploités apparaissent au milieu des touffes de genévriers et rhododendrons qui ont pris un large développement. Déboisement fâcheux sur cet emplacement qui se trouve à l'origine d'un petit ravin. Quelques plantations, ou même une simple clôture artificielle, suffiraient à assurer sa restauration.

N° III.

Pâturages de Ristolas. — Quartier de Ségure.

(Altitude, 2,300 mètres.)

Exemple de pelouse gazonnée, entourée et dominée par des bois de mélèze qui contribuent à entretenir sa fertilité.

Sur le premier plan, à droite, un mélèze isolé montre la force de résistance aux intempéries de cette précieuse essence.

N° IV.

Pâturages de Souliers (commune de Château-Ville-Vieille) et Pic de Coste-Belle.

(Altitude, 2,400 à 2,918 mètres.)

Le premier plan fait ressortir une vigoureuse végétation d'herbes et d'arbustes sur une pente garnie de bois de mélèze en amont et en aval.

Un peu plus loin, la pente est complètement découverte, le gazon apparaît très clairiéré déjà, sur un sol pierreux qui va se dénuder de plus en plus.

La dégradation est bien plus avancée dans le fond de la vallée et sur le versant que l'on voit sur la gauche, où de larges dénudations et des ravinements très prononcés apparaissent entre des bois de mélèze beaucoup trop clairsemés. La ruine commence pour ce grand bassin de réception, et déjà le torrent principal prend une allure dangereuse qui se manifeste par les nombreuses érosions de ses berges.

N° V.

Pâturages de Guillestre. — Quartiers de Cugulet et Pelouze.

(Entre les altitudes de 2,400 mètres et 2,731 mètres.)

a. Cette petite vue fait ressortir les dégâts occasionnés par un troupeau de Provence à la montagne de Cugulet. Le sol est presque complètement dénudé. Les ravinements commencent; quelques pins épars retardent la ruine finale.

b. A l'aval de cette montagne, un petit plateau gazonné, qui arrive jusqu'à la lisière de la forêt de Guillestre, permet d'entretenir quelques taurillons et génisses. Ses pelouses se réduisent et se stérilisent de plus en plus, par suite de la dénudation des pentes supérieures et des ravinements et érosions qui se développent sur ses flancs. La forêt de Guillestre en pâtit et sa partie haute souffre grandement des incursions du bétail de la montagne de Cugulet.

c et *d.* Ces deux vues représentent les pâturages de Pelouze livrés, avec la montagne de Cugulet, au troupeau transhumant. Ils sont encore plus complètement dénudés que celle-ci, et c'est à peine si, dans le bas-fond de cette combe allongée, on rencontre encore quelques taches de gazon. Aussi ces deux montagnes réunies, d'une étendue de 678 hectares, peuvent à peine s'affermer aujourd'hui au prix de 970 francs pour un troupeau beaucoup trop important encore de 1,300 à 1,400 bêtes. Autrefois, elles en nourrissaient 3,000, et rapportaient 3,000 francs.

N° VI.

Pâturages de Saint-André d'Embrun. — Quartier de Pra-moutons.

(Altitude, 2,000 mètres à 2,500 mètres.)

La végétation a presque complètement disparu sur les pentes d'éboulis qui entourent cette combe élevée. Les belles pelouses, qui tapissaient le bas-fond compris entre ces deux versants et traversé par un ruisselet, sont envahies peu à peu par les pierres. Mélèzes et pelouses ne se sont maintenus que dans un élargissement du plateau et sur les pentes qui forment le fond du tableau. Sur la droite de la vue, baraque du pâtre et parc à moutons.

N° VII.

Pâturages d'Embrun. — Quartier de l'Aiguille.

(Altitude, 2,200 mètres.)

Versant dégradé et combe envahie par les pierrailles, compris entre le beau plateau de l'Hyvernet en amont des escarpements et la forêt communale en aval. La photographie représente, sur la gauche, la lisière de celle-ci et le lit pierreux d'un torrent qui, au moment de la fonte des neiges ou des pluies, reçoit les eaux de ce versant et devient le redoutable torrent de *Bramafam*.

Sur la droite, cabane du berger, et à l'entour de celles-ci on voit se développer la végétation des plantes dites *ammoniacales* : grande ortie, etc.

N° VIII.

Pâturages de Ristolas. — Quartier de Ségure.

(Altitude, 2,400 mètres.)

Grande montagne constituée sur beaucoup de points par des terrains ou roches affouillables à pentes très rapides formant le fond de la vallée de Ségure. Quelques plaques de gazon et quelques bouquets de mélèze sur les croupes, entre les ravins : voilà tout ce qui reste de la végétation herbacée et ligneuse qui autrefois tapissait ce versant et en fixait le sol. Une mise en défens suffisamment prolongée pourrait seule assurer la restauration de cette montagne.

Nᵒ IX.

C'est la vue d'un grand troupeau transhumant de 3,000 moutons de passage à Embrun. Il est cantonné sur le champ de foire et se repose des fatigues
du chemin. On ne distingue pas malheureusement sur la photographie le
groupe formé par les mulets ou ânes porteurs des provisions et objets de cam-
pements, et le bouc qui est, comme on le sait, le tambour-major de la colonne
en marche.

Nᵒ X.

La vue suivante montre d'ailleurs ces animaux porteurs qui, affamés, s'occupent dès l'abord à tondre, sur les mauvaises herbes qui tapissent le champ
de foire, *quelques largeurs de leur langue.*

Puissent ces dernières vues, malgré leur pittoresque, ne jamais être repro-
duites; car elles représentent l'armée de destruction, et, dans le régime pastoral du xxᵉ siècle, on voudrait la voir disparaître! C'est du moins l'un des
désirs exprimés dans les conclusions de cette longue notice.

TABLE ANALYTIQUE DES MATIÈRES.

	Pages.
INTRODUCTION	1

PREMIÈRE PARTIE.

LA SITUATION PASTORALE EN FRANCE.

CHAPITRE Iᵉʳ. Région centrale des Alpes françaises, Hautes-Alpes, Basses-Alpes, Drôme	5
CHAPITRE II. Les Alpes maritimes	31
CHAPITRE III. Les Alpes de l'Isère et de Savoie	34
CHAPITRE IV. La situation pastorale dans les autres régions montagneuses de la France : Pyrénées, Plateau central, Cévennes, région des Causses, Garrigues, Côte-d'Or, Jura, Vosges	39

DEUXIÈME PARTIE.

LES AMÉLIORATIONS PASTORALES.

CHAPITRE Iᵉʳ. Mesures de protection contre les causes naturelles de dégradation.	56
CHAPITRE II. Mesures concernant l'organisation et l'outillage de la pâture	61
CHAPITRE III. Travaux de culture pastorale	72
CHAPITRE IV. Restauration de versants montagneux dégradés et improductifs	90
CHAPITRE V. Restauration des landes de plateau	100
RÉSUMÉ ET CONCLUSIONS	110

TROISIÈME PARTIE (Annexe).

QUELQUES VUES DE PÂTURAGES ALPESTRES,

D'après des photographies de M. Perroy,
inspecteur des Eaux et Forêts à Embrun (Hautes-Alpes).

Légende explicative	117

I. — Pâturages de Guillestre. Quartier de Razis. Altitude 2.300 m.

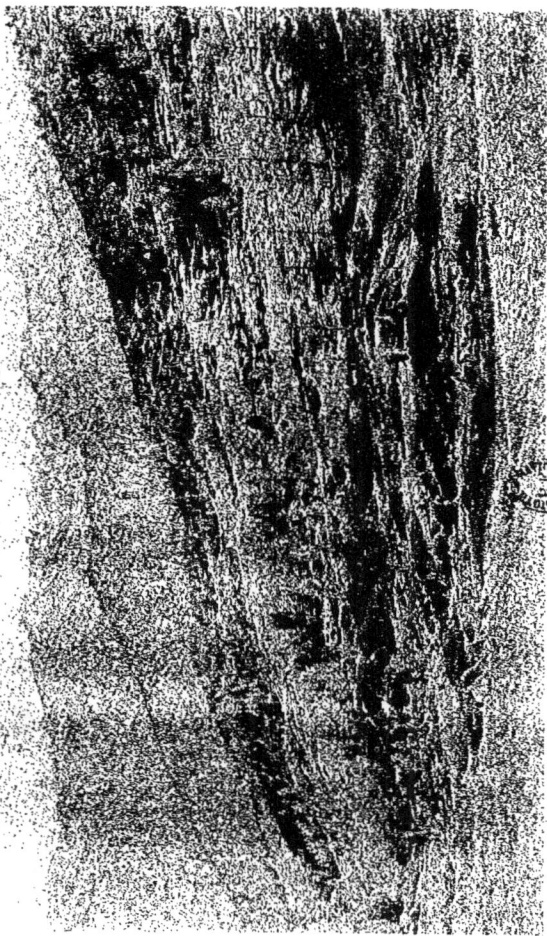

II. — Pâturages de Guillestre. Quartier de Razis. Altitude 2,300 m.

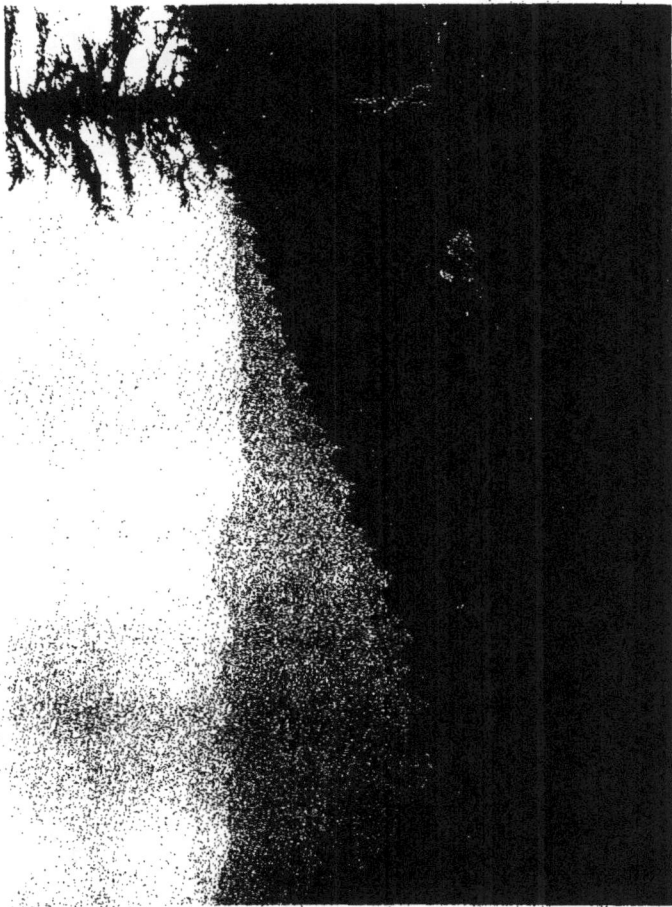

III. — Pâturages de Ristolas. Quartier de Ségure. Altitude 2.300 m.

IV. — Pâturages de Souliers (commune de Château-Ville-Vieille)
et Pic de Coste belle 2.918 m.

B

A

D

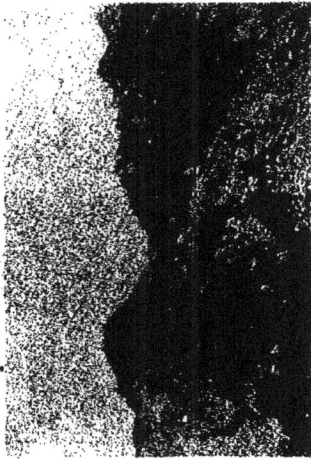

C

V. — Pâturages de Guillestre. Quartier de Cugulet et Pelouze. Altitude 2.400 à 2.731 m.

VI. — Pâturages de Saint-André-d'Embrun. Quartier de Pra Moutons. Altitude 2.000 à 2.500 m.

VII. — Pâturages d'Embrun. Quartier de l'Aiguille. Altitude 2.200 m.

VIII. — Pâturages de Ristolas. Quartier de Ségure. Altitude 2.400 m.

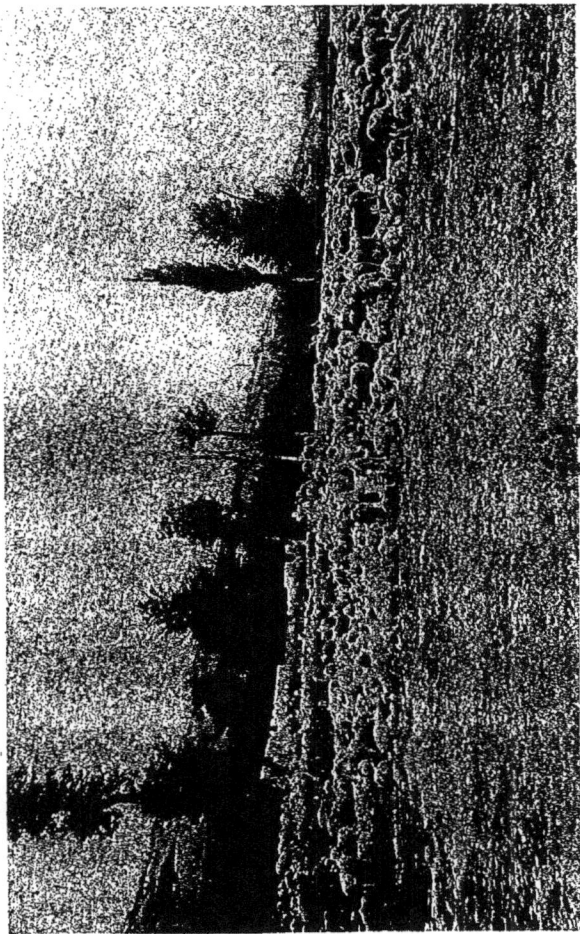

IX. — Troupeau transhumant. — Moutons au repos.

X. — Troupeau transhumant : Animaux porteurs.

www.ingramcontent.com/pod-product-compliance
Lightning Source LLC
Chambersburg PA
CBHW071900200326
41519CB00016B/4480